KB201854

이 책에 실린 모든 레시피는
수많은 영양학자와 건강 전문가들에게 영감을 준 패트릭 홀포드 박사의
탄수화물·단백질·채소의 황금 비율 식사법 Low GL 1·1·2 이론을 토대로
요리 연구소 레시피 그린즈가 개발 및 검증했습니다.

하루
한번

샐러드
식판식

THE OWNER'S SALAD MANUAL
AND DIET GUIDE

Contents

PART 4
Low GL 112

혈당 균형과 에너지 대사를 위한 식단!
1·1·2 한 끼

Choice 10

한 그릇 · 한 접시 식단

샐러드 식판식이 좋은 이유

❶ 칼로리에 집착하지 않아도 되므로 음식에 대한 스트레스가 적다.

❷ 탄수화물 식품에 집착하지 않게 된다.

❸ 당 함량이 높은 식사를 멀리 해 혈당 관리가 안정적이다.

❹ 다양한 채소를 꾸준히 먹게 된다.

❺ 염분 섭취량을 자연스럽게 인지하게 된다.

❻ 올리브오일 등 좋은 지방을 꾸준히 섭취하게 된다.

❼ 미각이 살아나 자극적인 맛의 음식을 저절로 멀리하게 된다.

❽ 밥을 주로 먹는 한국인에게 적합한 샐러드 식단으로 식이요법의 개선이
   쉬운 편이다.

❾ 무엇을 얼마나 먹어야 하는지 저절로 알게 된다.

❿ 내가 먹는 음식의 중요성을 실감하게 된다.

⓫ 소화와 흡수가 잘 되는 한 끼의 양만 먹게 된다.

⓬ 이 책에서 제시한 식단을 꾸준히 유지하면 나에게 최적화한 나만의 식단을
   완성하게 된다.

⓭ 꾸준히 식단을 유지하면 폭식과 과식을 예방한다.

⓮ 꾸준히 식단을 유지하면 항산화, 항노화 효과를 얻게 된다.

⓯ 꾸준히 식단을 유지하면 뱃살이 줄고 체중 관리가 쉬워진다.

내 건강지수에 대해 얼마나 아는가?

그동안 당신은 자신의 몸에 대해 얼마나 알고 있었나요? 각 항목별로 천천히 내용을 읽고 현재 상태를 기입하는 것만으로도 내 건강에 대해 알아가는 첫걸음이 됩니다. 그리고 건강지수 점수에 따른 결과를 읽어보세요. 뱃살을 얼마나 줄여야 할지, 체중조절이 필요한지, 식단을 바꿔야 할지 지금과 다른 내 몸이 되기 위한 가늠자가 될 것입니다.

내 몸의 기초 점검

▶ 내 나이는 _____ 세이다.

▶ 내 키는 _____ cm이다.

▶ 내 몸무게는 _____ kg이다.

▶ 나의 허리둘레는 _____ cm이다.

★ 복부 허리둘레가 남성은 90cm(35.4인치), 여성은 85cm(31.5인치) 이상이면 키, 몸무게와 상관없이 복부비만(중심 비만)이다. 복부비만 수치는 대사증후군을 진단하는 항목 중 하나다.

▶ 내 체질량지수는 _____ 이다.

★ 체질량지수(BMI)는 비만을 판정하는 방법 중 하나다. 자신의 몸무게(kg)를 신장(m)의 제곱으로 나눈 값(체중(kg)/신장(m²))으로 비만도를 판정한다.

BMI 20~24.9	BMI 25~29.9	BMI 30~40	BMI 40.1 이상
정상	과체중(1도 비만)	비만(2도 비만)	고도비만

▶ 내 혈압은 최고 _____ mmHg, 최저 _____ mmHg이며, 맥박 수는 _____ bpm이다.

▶ 내 혈당은 공복 혈당 _____ mg/dL이다.

★ 공복 혈당은 8시간 이상 금식 후 측정한 혈당 농도이다. 공복 혈당 정상 수치는 100mg/dL 미만이며, 126mg/dL 이상이면 당뇨병, 100~125mg/dL이면 공복 시 포도당 대사장애가 의심되므로 다른 날 다시 검사하여 재확인하는 것이 좋다.

▶ 나는 매일 스트레칭을 _____ 분 한다.

▶ 나는 매일 걷기 운동을 _____ 분 한다.

▶ 나는 스트레칭 등을 포함한 유연성 운동을 일주일에 _____ 분씩 _____ 회 한다.

▶ 나는 근육을 단련하는 운동을 일주일에 _____ 분씩 _____ 회 한다.

복약 및 보충제 · 영양제 점검

▶ 나는 내 질환을 치료하기 위해 복용하는 약의 성분명과 용량을 잘 알고 있다.

❶ _____

❷ _____

❸ _____

❹ _____

❺ _____

▶ 나는 내가 복용하는 약과 보충제 · 영양제를 언제 먹는지 잘 알고 있다.

아침 공복 _____   아침 식사 후 _____

점심 식사 전 _____   후 _____

저녁 식사 전 _____   후 _____

취침 전 _____

▶ 나는 내가 현재 먹는 보충제 · 영양제에 대해 성분, 함유량, 부작용을 잘 알고 있다.

❶ 유산균 보충제

_____

❷ 비타민 보충제

_____

❸ 미네랄 보충제

_____

❹ 필수지방 보충제

_____

❺ 항산화 보충제

_____

❻ 필수아미노산 보충제

_____

❼ 홍삼 보충제

_____

❽ 한약

_____

❾ 기타

_____

_____

_____

_____

- 다음의 질문을 읽은 후 내용에 해당하면 네모 칸에 체크한다.
- 체크한 항목은 각 1점이다. 체크한 항목의 점수를 모두 더하면 내 건강지수 점수를 알 수 있다.

운동 점검

☐ 심장 박동이 빨라질 정도의 운동을 일주일에 최소 20분씩 2회 미만 한다.

☐ 몸을 자주 움직이지 않는 편이다.

☐ 하루 동안 서 있는 시간이 1시간 이내다.

☐ 일주일에 최소 2시간 이상 외부 활동을 하지 않는다.

☐ 유연성 운동(스트레칭, 요가, 필라테스, 체조 등)을 일주일에 2회 이내 또는 거의 하지 않는다.

☐ 다리를 곧게 편 채로 허리를 숙였을 때 손이 발가락에 닿지 않는다.

☐ 일주일에 걷기 운동을 30분간 최소 2회 이상 하지 않는다.

☐ 격렬한 운동을 즐기거나 거의 매일 운동을 하며, 휴식 없이 운동하는 시간이 1시간 이상이다.

☐ 근육을 단련하는 운동을 거의 하지 않는다.

활력 점검

☐ 피곤함이 오랜 시간 동안 지속된다.

☐ 체력이나 힘든 상황을 견디는 능력이 눈에 띄게 줄었다.

☐ 몸무게를 안정적으로 유지하기 어렵다.

☐ 현재 심혈관계 질환이나 고혈압이 있다.

☐ 쉽게 화가 난다.

☐ 정신이 명쾌하게 맑지 않거나 집중력이 떨어진다.

☐ 수면장애가 있다.

☐ 기억력이 점점 떨어진다.

☐ 자주 우울해진다. 날씨가 좋지 않은 날에는 특히 우울해진다.

☐ 술을 2잔 이상 거의 매일 마신다.

☐ 커피를 매일 마신다.

☐ 담배를 매일 피운다.

☐ 관절염, 근육통, 편두통 같은 육체적 통증을 자주 겪는다.

☐ 체질량지수(BMI)가 27 이상이다.

☐ 이상혈당증(당뇨 전 단계)이나 당뇨, 고지혈증 혹은 이상지질혈증, 지방간, 고혈압 중 한 가지를 갖고 있다.

★ 이상지질혈증이란 혈액검사를 통해 알 수 있는데 혈중에 총콜레스테롤, LDL 콜레스테롤, 중성지방이 증가한 상태거나 HDL 콜레스테롤이 감소한 상태를 말한다.

혈당 점검

☐ 아침에 일어나 15분 이내에 잠이 완전히 깨지 않는다.

☐ 일을 시작하기 위해서는 아침에 차, 커피, 담배, 단 음식 중 한 가지라도 반드시 섭취해야 한다.

☐ 초콜릿, 단 음식, 빵, 시리얼, 면 음식이 못 견디게 먹고 싶은 적이 있다.

☐ 떡, 달달한 빵과 케이크, 과자, 단 음료, 찐 고구마와 밤, 달달한 과일, 기름에 튀긴 음식을 한 번 먹을 때는 배부를 정도로 먹는다.

☐ 점심 식사 후 낮 동안 자주 에너지가 떨어져 기운이 없어진다.

☐ 식사 후에는 늘 케이크, 떡, 고구마, 과일 등의 단 음식을 곧바로 먹어야 한다.

☐ 자주 감정 기복이 심하다.

☐ 어딘가에 집중하기 힘들거나 쉽게 정신이 산란해진다.

☐ 6시간 내에 음식을 먹지 않으면 어지럽고 짜증이 난다.

☐ 스트레스를 받으면 늘 과식한다.

☐ 예전에 비해 에너지가 떨어지는 것을 느낀다.

☐ 피곤함을 자주 느낀다.

☐ 눈에 띄게 많이 먹거나 운동을 하는데도 늘어난 체중을 줄이기 힘들다.

식습관 점검

☐ 음식을 먹을 때 잘 씹지 않고 빨리 많이 먹는 편이다.

☐ 아침 식사는 거의 먹지 않는다.

☐ 면 등의 밀가루 음식을 먹을 때 잘 씹지 않고 삼키는 편이다.

☐ 몸의 염증을 줄이는 음식에 관심이 없거나 관심은 있으나 식단에 반영하지 않는다.

- [ ] 현미나 귀리 등 정제하지 않은 통곡물을 꾸준히 섭취하지 않는다.
- [ ] 콩류, 견과류, 씨앗류를 거의 먹지 않는다.
- [ ] 일주일에 달걀을 4개 이하로 먹는다.
- [ ] 기름이 풍부한 생선(연어, 고등어, 정어리, 청어 등)을 일주일에 1회 미만으로 먹는다.
- [ ] 소고기, 돼지고기, 닭고기 등 동물성 단백질 음식을 매끼 먹거나 일주일에 5회 이상 양껏 먹는다.
- [ ] 기름에 볶거나 튀긴 냉동 가공식품을 일주일에 2회 이상 먹는다.
- [ ] 식용 유지를 사용해 고온에서 굽고 튀긴 바삭바삭한 음식, 기름으로 볶은 음식, 고온 에서 짙은 갈색으로 태운 음식을 자주 먹는다.
- [ ] 햄, 소시지, 훈제오리, 훈제삼겹살 등 육가공 및 생선을 훈연한 식품을 즐겨 먹는다.
- [ ] 참치, 연어, 고등어, 꽁치, 닭고기 등의 식품을 통조림 제품으로 먹는 편이다.
- [ ] 해조류를 거의 먹지 않는다.
- [ ] 채소 등 식재료의 색깔을 전혀 고려하지 않는다.
- [ ] 채소를 하루에 1회분 미만으로 섭취하거나 아예 섭취하지 않을 때도 있다.
- [ ] 과일을 하루에 2조각 미만으로 먹는다.
- [ ] 녹색 채소나 십자화과 채소(브로콜리, 양배추, 콜리플라워, 방울 양배추 등)를 먹지 않 은 날이 많거나 하루에 1회분 미만으로 먹는다.
- [ ] 매일 음식(반찬, 간식 등)을 달게 먹는다.
- [ ] 매일 짠 음식(반찬, 국, 찌개)을 1인분보다 초과해서 먹는다.
- [ ] 식사 때마다 설탕, 소금 등을 첨가해서 먹는다.
- [ ] 하루 평균 물을 2잔 미만으로 마신다.
- [ ] 매일 설탕이 첨가된 음료(콜라, 사이다, 시판 가공 주스)를 자주 마신다.

소화 점검

- [ ] 입 냄새가 심하다.
- [ ] 속이 쓰리거나 타는 듯한 느낌이 들 때가 있다.
- [ ] 평소 소화제나 제산제를 주기적으로 복용한다.
- [ ] 속이 메스껍거나 소화가 잘 되지 않을 때가 자주 있다.
- [ ] 식사 후에는 복부가 팽팽해지며 불편하다.
- [ ] 종종 음식을 먹고 나면 몹시 졸리고 피곤해진다.
- [ ] 트림을 자주 하거나 방귀를 자주 뀐다.

- [ ] 대변이 묽거나 설사를 한다.
- [ ] 변비가 있거나 배변 시 지나치게 힘을 준다.
- [ ] 이틀이 지나도 배변을 보기 힘든 적이 많다.
- [ ] 지난 6개월간 식중독이나 장염을 겪은 적이 있다.
- [ ] 지난 6개월간 항생제를 복용한 적이 있다.
- [ ] 음식을 먹을 때 꼭꼭 씹지 않는 편이다.
- [ ] 하루에 2회 이상 빵, 라면 등의 밀가루로 만든 음식을 먹는다.

음식 과민증 점검

- [ ] 특정 음식에 대한 알레르기 증상이 있다.
- [ ] 과민성대장증후군을 앓고 있다.
- [ ] 비교적 짧은 기간 안에 체중이 증가하는 편이다.
- [ ] 가끔 음식을 먹고 나면 위통이나 복부 팽만감이 있다.
- [ ] 콧물이나 가래 등의 점액이 과다하게 나오거나 코가 막히는 증상이 자주 있다.
- [ ] 발진, 가려움증, 습진, 피부염을 앓고 있다.
- [ ] 천식을 앓거나 숨이 가쁘다.
- [ ] 두통이나 편두통을 앓고 있다.
- [ ] 대장염이나 크론병을 앓고 있다.
- [ ] 거의 매일 진통제를 복용한다.

항산화 점검

- [ ] 현재 40세 이상이다.
- [ ] 현재 담배를 피운다.
- [ ] 나이에 비해 피부가 늙어 보인다.
- [ ] 피부에 상처가 났을 때 회복이 느리다.
- [ ] 팔과 다리에 작고 빨간 뾰루지가 종종 난다.
- [ ] 피부 발진, 습진, 피부염을 앓은 적이 있거나 앓고 있다.
- [ ] 피부가 건조하거나 거칠다.

- [ ] 머리카락이 건조하거나 비듬이 있다.
- [ ] 계절과 상관없이 자주 입술이 갈라진다.
- [ ] 멍이 잘 든다.
- [ ] 복잡한 도시, 붐비는 도로 근처, 교통 체증이 심한 도로에서 일주일에 4시간 넘게 있는 편이다.
- [ ] 대기 중 매연이 심한 곳에서 살거나 일한다.
- [ ] 붐비는 도로 옆에서 일주일에 1시간 넘게 운동을 한다.
- [ ] 가스레인지를 켠 상태로 음식을 만드는 시간이 하루 4시간 이상이다.
- [ ] 매일 집안 환기를 최소 30분 이상 하지 않는다.
- [ ] 두통이나 편두통이 종종 있는 편이다.

내 건강지수 점수

0~20점 당신의 몸과 마음은 건강한 편이다. 지금처럼 꾸준히 잘 관리하고 정기적인 혈액검사와 건강검진을 실시해 그 결과에 따라 부족한 부분은 교정하도록 한다.

21~60점 건강한 삶을 위해 내 몸에 관심을 가지고 관리해야 한다. 교정 치료가 필요한 부분은 전문가의 상담을 통해 도움을 받도록 한다. 또한 가족과 함께 자신의 건강 상태를 공유하거나 함께할 수 있는 활동을 하는 것도 많은 도움이 된다. 좀 더 상세하고 정확한 건강 지식을 알아두는 것도 좋다.

61점 이상 좀 더 건강해지기 위해 지금의 생활습관을 당장 바꿔야만 한다. 이상 징후가 조금씩 발견될 때는 병원 검진을 미루지 말아야 한다. 아울러 생활 속에서 나를 비롯한 가족 모두가 함께 개선할 수 있도록 노력한다. 81점 이상이라면 현재 지방간, 이상혈당, 이상지질혈증 등의 만성질환을 갖고 있을 수도 있다. 따라서 식습관 교정과 걷기 운동, 스트레칭은 기본적으로 꾸준히 실천하고, 혈액검사 등 관련 질환의 병원 검진을 정기적으로 하는 것이 필요하다. 또한 약물치료 등 병원치료를 병행할 수도 있으니 평소 증상을 기록하는 등 진료 상담에 대비해야 한다.

최고의 영양제는 한 끼 식사이다.
그러니 무엇을 언제 어떻게 얼마나 먹을 것인지
한 끼 식사를 온전히 당신 스스로 지휘해야 할 것이다.

PART 1

내 몸은 기억해!
식습관 첫걸음

뱃살이 줄지 않는 진짜 이유

체중 증가를 비롯해 대사증후군과 같은 만성질환의 근본 원인은 바로 혈당 조절 기능의 감퇴이다.
흔히 우리는 '혈당'이라고 하면 당뇨병을 앓고 있는 사람들만의 이야기라고 생각한다.
하지만 뱃살이 더 이상 줄지 않고 체중을 줄이는 데 힘이 든다면 내 몸의 혈당 조절 기능이
제대로 작동하지 않는다는 뜻이다. 이를 방치하면 대사증후군으로 발전하게 된다.
따라서 뱃살을 줄이기 위해서는 혈당 조절 기능을 정상으로 되돌리는 식단을 실천해야 한다.

왜, '탄수화물 중독'이라고 부를까?

갑자기 기운이 없거나 안절부절 못하고 배고픔을 느낀다면 혈당 조절 능력에 문제가 있는 것이다. 이런 사람은 특히 단 음식이나 카페인 음료처럼 각성작용이 있는 음식이 매우 먹고 싶어질 것이다. 이런 식으로 혈당 요요라는 악순환에 접어들게 되면 피로감 및 체중 증가, 탄수화물 탐닉 등의 증상을 초래한다.

혈당 수치가 낮으면 쉽게 배고픔을 느낀다. 흡수가 빠르고 당부하지수가 높은 탄수화물 음식으로 에너지를 보충하면 혈당 수치가 급격하게 상승한다. 흡수가 빠른 탄수화물은 로켓 연료와 같아 포도당을 갑자기 한꺼번에 체내로 방출한다. 이런 종류의 음식은 GL 지수(당부하지수)가 높은 탄수화물 음식들로 빠르게 에너지로 쓰이는 장점이 있지만 또한 체내에서 빨리 타서 없어진다.

사실 우리 몸은 그렇게 많은 당분을 필요로 하지 않는다. 따라서 남는 당분을 지방으로 저장하는데, 시간이 지나 혈당 수치가 다시 낮아지면 그로 인해 피로감과 배고픔을 느끼게 되는 것이다.

혈당 조절 능력을 안정화하고 싶다면 흡수와 방출이 빠른 음식(케이크, 빵, 과자를 비롯해 백밀가루나 흰쌀로 만든 정제 탄수화물 음식과 설탕, 단 음식 등)을 멀리하고, 흡수와 방출이 느린 음식(통곡물 탄수화물, 콩류, 채소와 신선한 과일, 씨앗류)을 즐겨 먹어야 한다.

탄수화물 섭취를 줄이려면?

❶ GL 지수(당부하지수)가 낮은 탄수화물 음식을 먹는다.

❷ 자극적인 단 음식을 멀리하고, 탄수화물 식사 시 단백질과 채소를 함께 먹는다.

혈당 수치 안정에 가장 좋은 방법은?

식단에 GL 지수(Glycemic Load, 당부하지수)를 적용하는 것이다. 한 끼 식사로 섭취하는 탄수화물 식품의 양뿐만 아니라 종류도 중요하기 때문이다. 또 함께 먹는 채소와 단백질 음식의 양과 종류도 중요하게 고려해야 한다.

➡️ 다음의 진단 검사로 혈당 조절 능력을 점검할 수 있다.
혈당 점검을 통해 자신에게 평소 어떤 징후와 증상이 있는지 살펴보자.

혈당 조절 능력 점검 ☑️

☐ 일어난 지 15분 이내에 잠이 완전히 깨지 않는가?

☐ 아침에 일을 시작하려면 차, 커피, 담배, 단 음식 중 하나라도 필요한가?

☐ 초콜릿, 단 음식, 빵, 시리얼, 면 음식을 못 견디게 먹고 싶을 때가 있는가?

☐ 낮 동안이나 식후에 갑자기 기운이 없어지거나 자주 에너지가 떨어지는가?

☐ 식후에 단 음식이나 커피, 차, 담배 등의 자극제가 못 견디게 생각나는가?

☐ 자주 감정 기복이 심하거나 일에 집중하기 힘든가?

☐ 6시간 동안 음식을 먹지 않으면 어지럽고 짜증이 나는가?

☐ 스트레스를 받으면 과식하는가?

☐ 예전에 비해 에너지가 떨어지는가?

☐ 운동을 못 할 정도로 피곤한가?

☐ 눈에 띄게 많이 먹지도 운동을 적게 하지도 않는데 늘어난 체중을 줄이기 어려운가?

➡️ '예'라고 체크한 항목을 각각 1점으로 계산한다.　　합산 점수 :

0~2점 당신의 혈당 조절 능력은 매우 안정적이다. '예'라고 응답한 항목이 1~2개 있으면 건강 증진을 위해 현재의 식단을 바꾸기보다는 보완하고 미세하게 조정하기만 하면 된다.

3~4점 당신은 혈당 조절 능력에 문제가 생기기 시작할 가능성이 높다. 아마도 그로 인한 증상을 현재 겪고 있을지도 모른다. 아직은 아닐 수도 있지만 근본 원인을 당장 해결하지 않으면 아마 체중과 뱃살이 늘기 시작할 것이다. 현재의 식단을 개선해야 한다.

5~7점 당신은 혈당 조절 능력에 문제가 생긴 듯하다. 약간의 배고픔(가짜 배고픔)을 참지 못해 못 견디게 음식을 먹고 싶어한다. 에너지와 기분이 오르락내리락하며 체중 관리에 어려움을 겪고 있는 것이 거의 확실하다. 현재의 식단을 바로잡는 데 집중해야 하며, 곧바로 바꾼 식단을 실천해야만 뱃살이 더 이상 늘지 않고 조금씩 줄어들 수 있을 것이다.

8점 이상 당신의 혈당 조절 능력은 통제 범위를 벗어난 듯하다. 지금 겪고 있는 증상을 개선할 수 있도록 가장 빠르게 실천해야 할 것이 있다. 당분이 많은 가공 식품을 하루 빨리 끊는 것이다. 이것은 기본이 되어야 하며 매우 중요한 사항이다. 식단에서 이 음식들을 전부 제외하면 에너지 수준의 상승과 안정적인 체중 관리로 보상을 받을 것이다.

불타는 에너지

우리는 대부분 '칼로리' 하면 음식의 기름진 상태, 즉 콜레스테롤의 정도나 양을 생각한다. 하지만 칼로리 숫자는 음식이 제공하는 '에너지의 양'일 뿐이다.

인체는 생존하기 위해 음식 섭취를 통한 에너지가 필요하다. 에너지가 없으면 신체의 세포가 죽고 심장과 폐가 멈추며, 몸속 장기는 살아가는 데 필요한 기본 과정을 수행할 수 없을 것이다. 따라서 사람은 반드시 음식으로 에너지를 보충해야 한다.

그런데 음식으로 얻은 에너지가 필요한 양을 초과하면 살이 찐다. 이를 두고 우리는 칼로리 소비 혹은 에너지 대사에 문제가 발생했다고 규정한다. 사람들이 매일 필요한 만큼의 칼로리만 섭취하고 소비한다면 건강한 삶을 살게 되겠지만, 매일 먹는 음식의 칼로리 소비가 너무 낮거나 너무 높으면 결국 건강에 문제가 발생할 수 있다.

그렇다고 매끼 칼로리 계산에 집착할 필요는 없다. 적게 움직이는 사람, 즉 활동량이 적은 사람은 섭취하는 음식의 양을 줄이고 음식의 종류를 선별해 먹으면 된다. 이런 사람이 지나치게 음식의 칼로리 숫자에 집착하면 오히려 음식에 대한 거부감 또는 갈망으로 이어질 뿐이다.

우리가 늘 자신에게 질문해야 할 것은 '내가 무엇을 얼마나 먹고 얼마나 활동하는가?'이다. 그에 따라 적절한 식습관을 실천한다면 음식에 포함된 잠재적 에너지의 양을 몸이 스스로 기억하게 만들 수 있다. 따라서 우리는 칼로리 계산보다 섭취하는 음식의 종류와 양, 소비하는 시간이 중요하다는 것을 기억해야 한다.

인체는 생존하기 위해 에너지가 필요하다!

우리가 음식으로 얻은 총 에너지 중 약 20%는 뇌의 대사에 사용된다. 나머지는 혈액 순환, 소화, 호흡 등에 필요한 기초대사에 사용된다. 또 인체가 더 많은 열을 생성할 때 일정한 체온을 유지하기 위해 신진대사가 증가하면 더 많은 에너지를 소진한다. 가령 추운 환경에서는 따뜻한 환경보다 에너지가 더 필요하다는 의미다. 마지막으로 인체가 자세를 유지하고 움직이기 위해 근골격계에도 일정한 에너지 공급이 필요하다. 결국 인체는 생존하기 위해 에너지가 필요하고, 신체의 모든 기능을 유지하기 위해선 반드시 음식을 통해 연료를 공급해야 한다.

하루 동안 음식을 통한 칼로리는 얼마나 섭취해야 할까?

칼로리의 정의는 1그램(g)의 물 온도를 섭씨 1도까지 올리는 데 필요한 에너지의 양이다. 자신에게 필요한 음식의 칼로리보다 더 많은 에너지를 지속적으로 섭취하면 체중이 증가한다. 반대로 너무 적은 에너지를 섭취하면 체중과 지방이 줄지만 근육도 잃어버린다.

뱃살을 줄이고 체중 감량을 시도하는 많은 사람들이 음식의 칼로리 숫자에 집착하는 이유는 그것이 결국 섭취와 소비의 문제라고 생각하기 때문이다. 하지만 중요한 것은 우리가 '먹는 음식의 종류와 양'에 따라 소비하는 칼로리가 결정된다는 사실이다. 이 명제를 놓치면 운동한 것 이상으로 과도한 동물성 단백질 식품을 섭취하기도 하고, 다이어트 효과가 그저 그럴 때마다 새로운 다이어트 방법에 민감해지기도 한다. 음식의 칼로리는 내 몸과 두뇌가 움직일 수 있게 하는 연료, 즉 에너지가 되므로 자신의 건강을 생각해 음식의 종류와 양을 결정하면 된다. 이렇게 내게 맞는 식단을 짜고 그대로 매일 먹으면 유행처럼 바뀌는 다이어트 방법을 좇지 않아도 된다.

다음은 음식 속에 포함된 3가지 영양소의 발열량이다.

- 탄수화물 1g당, 4kcal
- 단백질 1g당, 4kcal
- 지방 1g당, 9kcal

예를 들어 달걀 100g(2개분)의 무게에서 130kcal를 얻는데, 3가지 영양소에 따른 분석 방법은 다음과 같다.

달걀 100g에 해당하는 영양성분
- 탄수화물 : 3.41g   3.41 × 4kcal = 13.64kcal
- 단백질 : 12.44g   12.44 × 4kcal = 49.76kcal
- 지방 : 7.37g   7.37g × 9kcal = 66.33kcal

날달걀 100g에는 129.73kcal, 약 130kcal가 들어 있다. 그중 66.33kcal는 지방에서, 49.76kcal는 단백질에서, 13.64kcal는 탄수화물에서 칼로리를 얻는다.

그런데 모든 사람이 매일 같은 칼로리를 소모하는 것은 아니므로 달걀 100g 섭취 시 어떤 사람은 에너지가 부족할 수도 있는 반면, 어떤 사람은 칼로리를 모두 소모하지 않고 남길 수도 있다. 따라서 사람마다 에너지를 소비하는 대사 능력이 다르다는 것을 기억해야 체중조절이 쉬워진다.

그렇다면 권장 섭취량은 얼마일까?

나이가 들수록 신진대사 속도는 느려진다. 즉 나이가 많을수록 적은 양의 칼로리를 섭취하는 것이 이치에 맞는다. 하지만 나이가 많더라도 두뇌를 많이

'세포 호흡'은 세포가 산소와 포도당을 반응시켜 물과 이산화탄소를 생성하는데, 이 때 세포에서 에너지를 얻는 과정이 바로 '신진대사'의 과정이다. 이러한 세포가 영양분을 처리하여 에너지를 만드는 과정 즉, 호흡 과정에서 얻은 에너지는 생명 활동에 필수적이다.

사용하고, 신체 움직임이 활발하면 음식으로 섭취하는 칼로리를 온전히 사용할 수 있다. 나이는 칼로리 섭취량을 산정할 때 중요한 요건이나 개인의 라이프스타일에 따라서는 그저 숫자에 불과할 수도 있다는 의미다.

● 권장 칼로리 섭취량에 고려해야 할 내용

다음의 내용을 기억해 두면 매번 칼로리 계산을 하지 않고도 음식을 통한 일일 권장 칼로리 섭취량에 근접한 식이조절이 가능하다. 즉 사람마다 음식의 칼로리 섭취량은 여러 가지 요인에 따라 다르다는 것을 알 수 있다.

❶ 신체 활동 수준
❷ 두뇌 활동 수준
❸ 허리둘레
❹ 키와 몸무게
❺ 성별과 나이
❻ 체형 : 근육, 지방, 뼈의 비율
❼ 현재 건강 상태
❽ 라이프스타일

● 권장 칼로리 섭취량 계산법

자신에게 알맞은 칼로리 섭취량은 하루 동안 신체가 필요로 하는 칼로리 요구량이다. 칼로리 섭취량을 계산하려면 자신의 일일 기초대사량과 신체 활동량을 알아야 한다.

먼저 기초대사량(BMR)이란 무엇일까? 기초대사량(BMR)은 24시간 동안 아무것도 하지 않고 쉴 경우 소모되는 칼로리 양에 대한 예상 수치이다. 호흡 및 심장 박동을 포함한 신체 기능을 유지하는 데 필요한 최소한의 에너지양을 나타낸다. 기초대사량(BMR)에는 일반적인 활동이나 운동으로 소모되는 칼로리는 포함되지 않는다.

다음은 일일 기초대사량(BMR)을 추정하는 계산법이다. 인바디 검사를 시행하면 쉽게 기초대사량(BMR)을 알 수 있지만, 여의치 않다면 다음의 공식으로도 계산할 수 있다.

- 남성 : 10 × 체중(kg) + 6.25 × 신장(cm) − 5 × 나이 + 5
- 여성 : 10 × 체중(kg) + 6.25 × 신장(cm) − 5 × 나이 − 161

※ 이 계산법은 미플린 세인트 지어(Mifflin-St. Jeor) 공식이다. 기초대사량의 계산은 추정치이므로 참고로만 활용한다.

예를 들어 체중 60kg, 신장 161cm인 나이 39세의 여성인 경우 일일 기초대사량(BMR)의 추정치 계산은 다음과 같다.

(10×60) + (6.25×161) − (5×39) − 161 = 1250.25

즉 이 여성의 예상 일일 기초대사량(BMR)은 약 1250kcal이다.

다음은 신체 활동량에 대한 활동 계수를 알아볼 차례다.

▶ 주로 앉는 생활 방식 : 운동을 전혀 또는 거의 하지 않거나 신체 움직임이 별로 없는 경우 → 신체 활동 계수는 1.20이다.

▶ 약간 활동적인 생활 방식 : 일주일에 1~3회 가벼운 운동을 하는 경우 → 신체 활동 계수는 1.375이다.

▶ 적당히 활동적인 생활 방식 : 일주일에 3~5회 적당히 운동을 하는 경우 → 신체 활동 계수는 1.55이다.

▶ 활동적인 생활 방식 : 일주일에 6~7회 집중적으로 운동을 하는 경우 → 신체 활동 계수는 1.725이다.

▶ 매우 활동적인 생활 방식 : 하루에 2회 집중 운동을 하고 매일 과도한 운동을 하는 경우 → 신체 활동 계수는 1.90이다.

이제 자신의 기초대사량(BMR)을 계산한 후 자신에게 해당하는 신체 활동 계수를 곱하면 다음과 같이 일일 칼로리 요구량, 즉 섭취량을 알 수 있다.

- 일일 칼로리 요구량은 BMR 계산 결과 × 1.20이다.
- 일일 칼로리 요구량은 BMR 계산 결과 × 1.375이다.
- 일일 칼로리 요구량은 BMR 계산 결과 × 1.55이다.
- 일일 칼로리 요구량은 BMR 계산 결과 × 1.725이다.
- 일일 칼로리 요구량은 BMR 계산 결과 × 1.90이다.

앞서 예로 든 체중 60kg, 신장 161cm인 나이 39세의 여성은 일주일에 2회 정도로 가벼운 운동을 한다. 이 여성의 활동 계수는 1.375이며, 앞서 계산한 일일 기초대사량(BMR)은 1250kcal이다.

따라서 이 여성의 일일 칼로리 요구량은 다음과 같다.

1250.25(기초대사량) × 1.375(활동 계수) = 1719.09375

즉 이 여성에게 필요한 일일 칼로리 섭취량은 1719kcal이다.

지금까지 계산한 내용은 현재의 체중을 유지하는 데 필요한 일일 칼로리 섭취량에 대한 대략적인 수치이다. 체중 감량을 시도하려면 자신의 일일 칼로리 섭취량을 줄여야 한다는 의미이다. 하지만 운동을 전혀 하지 않고 음식의 양만 줄이면 근육량을 잃어버리게 된다.

또한 근육과 지방의 비율을 고려해야 하는데, 가령 근육량이 많은 사람은 휴식을 취하더라도 더 많은 칼로리를 필요로 한다. 게다가 일일 칼로리 섭취량을 구하는 계산법이 완벽한 것은 아니므로 참고만 하기를 권장한다. 다만 이를 참고해 하루 중 얼마나 먹어야 할지 음식의 양을 정하는 것이 건강을 위해 바람직하다.

하루 중 음식은 언제 먹어야 할까?

우리가 알면서도 놓치기 쉬운 것이 바로 음식을 먹는 시간대이다. 음식을 먹는 시간대에 따라 인체가 칼로리를 얼마나 효과적으로 사용하는지 고찰한 연구가 있다. 그 연구 내용에 따르면 저녁 7시 이후에 먹는 식사보다 칼로리가 많더라도 아침 7시에 먹는 식사가 오히려 체중 감량에 성공할 확률이 높다는 것이다.

물론 하루 중 자신의 두뇌를 포함한 신체 활동량이 가장 많은 시간대에 필요한 만큼 음식을 먹는 게 당연하다. 하지만 신체를 활발하게 사용한다고 해서 음식의 칼로리를 효율적으로 소비하는 것은 아니다. 즉 아무리 활동량이 많은 밤 시간대라도 낮보다는 조절해서 먹어야 한다는 의미이다. 인체는 하루 중에도 시간대에 따라 에너지를 다르게 사용하는데, 밤보다는 낮 시간대에 에너지를 더 효율적으로 소비하기 때문이다.

이처럼 인체 활동량에 따라 음식의 양과 종류를 정해야 하지만, 음식을 먹는 시간대도 중요하다는 것을 기억해야 한다. 즉 활동하는 만큼 되도록 낮 시간대에 음식을 먹어야 체중조절이 쉬워진다.

에너지는 제공하지만 영양가 없는 음식이 있다!

에너지를 제공하지만 영양가는 거의 없는 음식, 즉 '텅 빈 칼로리 음식'을 기억해야 체중조절이 쉽다. 이들 음식은 에너지 대사를 떨어뜨리는 각종 식품첨가물과 고형 지방, 설탕, 나트륨을 첨가해 음식에 대한 반복된 갈망을 야기한다. 술과 같은 알코올음료도 마찬가지다. 사실 짭조름하고 달고 기름진 음식은 입이 즐거워도 영양가에 비해 칼로리가 월등히 높아 뱃살을 찌우고 체중조절에 어려움을 겪게 만든다.

우리는 그러한 '텅 빈 칼로리 음식'을 마트에서 너무 쉽게 선택한다. 입에게만 즐거움을 주고, 살을 찌우는 음식으로부터 자유로워질 때 비로소 체중조절에 성공하고 건강해질 수 있음을 잘 알면서도 말이다.

★ 아이스크림, 도넛, 파이, 쿠키, 과자, 케이크, 크림 빵, 잼 빵, 훈제 가공육, 베이컨, 핫도그, 어묵, 소시지, 치즈, 마가린, 버터, 피자, 과일음료, 에너지 음료, 탄산음료, 알코올음료, 냉동 가공식품 등

극단적으로 '텅 빈 칼로리 음식'을 거부할 수 없다면 신선한 음식을 함께 먹는 최후의 방법을 선택해야 한다. 건강하고 신선한 음식으로 내 미각을 좀 더 예민하게 만들어야 자극적이고 강렬한 맛을 갈구하지 않게 된다.

어떤 음식을 선택할 것인가?

우리가 먹는 다양한 종류의 음식은 저마다 신체에 다른 영향을 미친다. 음식의 칼로리 숫자에만 집착하면 섭취량을 적정 한도 내로 유지해도 건강에 좋은 식단을 보장할 수 없다.

먼저 비만에 밀접한 영향을 미치는 혈당 증가 식품에 대한 변별력을 가져야 한다. 탄수화물 식품은 지방이나 단백질 식품에 비해 음식 섭취 후 인슐린 수치를 현저히 증가시킨다. 특히 일부 탄수화물 식품 중 설탕이나 포도당 형태의 식품은 다른 탄수화물 식품보다 혈류에 훨씬 빠르게 녹아든다. 가령 정제된 밀가루 식품은 이 같은 속도가 빠르지만 콩류는 느리다. 즉 인슐린이 천천히 방출되는 탄수화물 식품은 방출 속도가 빠른 탄수화물 식품보다 체중조절과 전반적인 건강에 이로운 작용을 한다.

다음으로 양질의 단백질 식품, 올리브오일과 같은 필수지방 식품, 항산화 성분이 뛰어난 식품에 관심을 갖는 것이다. 이러한 식품을 선택하면 똑같은 칼로리를 섭취해도 체중조절이 용이하며, 적어도 건강에 악영향을 주지는 않는다.

● 칼로리 섭취 및 에너지 사용에 대한 요약

❶ 권장 칼로리 섭취량은 개인마다 다르다. 신체 활동 수준, 두뇌 활동 수준, 허리둘레, 키와 몸무게, 성별과 나이, 체형, 전반적인 건강 상태, 라이프스타일과 같은 요인에 따라 칼로리 섭취량을 다르게 산정해야 한다.

❷ 성인을 기준으로 권장 일일 칼로리 섭취량은 남성의 경우 약 2500~2700㎉, 여성의 경우 2000㎉ 내외이다.

❸ 신체는 하루 중에도 에너지를 다르게 사용한다. 따라서 낮 시간대에 음식을 먹어야 한다. 이것은 인체가 하루 중 낮 시간대에 에너지를 가장 효율적으로 사용한다는 점을 고려한 것이다.

❹ 뇌는 총 에너지의 약 20%를 사용한다.

❺ 500㎉의 한 끼 식사를 비교할 경우 과일과 채소로 구성한 식단은 건강상의 이점이 많지만, '텅 빈 칼로리 음식'은 입만 즐거울 뿐 아무런 영양가가 없다.

칼로리를 소비하는 것

칼로리를 계산하는 것보다 더 중요한 것은 6개월 이상 장기적으로 내게 적합한 식단을 유지할 수 있어야 한다는 것이다. 그래야만 건강한 식사를 매일 먹게 된다. 또한 식단 관리 못지않게 신체 활동도 중요하다. 신체 활동이 활발해지면 매일 섭취하는 음식의 칼로리 중 대부분을 에너지로 온전히 소비할 수 있기 때문이다. 식단과 신체 활동의 균형을 유지하는 것은 체중조절의 기본 원리이며, 뱃살을 줄이는 동시에 내 몸이 건강해지는 가장 빠른 비결이다.

다음은 30분 안에 에너지를 소비하는 데 도움이 되는 신체 활동과 칼로리 사용량에 관한 내용이다. 다음의 칼로리 사용량 추정치는 체중이 57kg인 사람을 위한 것이다.

활동	칼로리 사용량
역기	90 ㎉
아쿠아 에어로빅	120 ㎉
일반 수영	180 ㎉
시간당 4.5마일로 걷기(빠른 속도의 도보)	150 ㎉
시간당 6마일로 달리기	300 ㎉
컴퓨터 작업	41 ㎉
수면	19 ㎉

뱃살과 대사증후군

- 대사증후군의 원인이 되어 각종 질병을 야기하는 염증을 일으킨다.
- 중성지방을 높여 동맥경화증의 원인이 된다.
- 혈액 내 비정상적 지질 상태인 이상지질혈증(Dyslipidemia)이 된다.
- 저밀도 지단백 콜레스테롤(LDL-Cholesterol)을 높여 관상동맥질환의 원인이 된다.
- 고지혈증, 지방간, 고혈압, 당뇨, 심혈관계 질환의 원인이 된다.

대사증후군이란?

대사증후군이란 체지방 증가, 혈압 상승, 혈당 상승, 혈중 지질 이상 등 여러 가지 복합적인 이상 상태들의 집합을 말한다. 특히 대사증후군의 원인은 여러 가지로 복잡하게 얽혀 있지만, 비만을 야기하는 인슐린 저항성이 가장 중요한 요인이다. 대사증후군이 있는 경우 심혈관계 질환의 위험을 2배 이상 높이며, 당뇨의 발병을 10배 이상 증가시킨다.

> 인슐린 저항성은 인슐린의 작용이 감소한 상태, 즉 인슐린에 대한 우리 몸의 반응이 정상적인 기준보다 감소되어 있는 경우를 말한다. 인슐린에 의한 작용이 감소하면 근육과 간 등에서 혈당을 이용하지 못해 고혈당이 유발되고, 그로 인해 당뇨 전 단계 또는 당뇨가 유발된다. 높은 인슐린에 의해 염분과 수분이 증가하여 고혈압이 동시에 생기기도 한다. 또한 증가한 인슐린은 지방이 쌓이는 것을 유도해 비만과 중성지방의 혈중 농도를 높여 이상지질혈증으로 나타난다.

● 대사증후군 진단 기준

① 복부비만인 경우 : 허리둘레가 남자 90cm 이상, 여자 85cm 이상인 경우

② 고중성지방혈증인 경우 : 중성지방이 150mg/dL 이상인 경우

③ 고밀도 지단백 콜레스테롤(HDL-Cholesterol)이 낮은 경우 : 남자 40mg/dL 미만, 여자 50mg/dL 미만

④ 공복 혈당이 높은 경우 : 100mg/dL 이상

⑤ 혈압이 높은 경우 : 수축기 혈압 130mmHg 또는 이완기 혈압 85mmHg 이상인 경우

콜레스테롤이란?

콜레스테롤은 지질의 한 종류이다. 일반적으로 콜레스테롤에 대한 부정적 이미지가 많지만, 사실 콜레스테롤을 포함한 지질은 우리 몸에서 호르몬을 만들고, 에너지원이 되고, 소화를 돕고, 세포막을 만드는 데 쓰인다. 특히 콜레스테롤은 몸속 세포막과 혈관벽을 구성하고, 호르몬을 합성하는 원료가 된다. 그러나 정상 기준에서 인체 내 콜레스테롤의 균형이 깨지면 고지혈증, 저지혈증, 이상지질혈증 등을 야기한다. 또 콜레스테롤이 지나치게 적으면 혈압과 수분 조절에 이상이 생기고 우울증, 소화불량, 뇌경색, 뇌출혈 등의 원인이 되기도 한다.

콜레스테롤의 대부분은 간에서 만들어진다. 혈중 콜레스테롤 수치가 높아지는 이유는 간에서 필요 이상의 많은 콜레스테롤이 생성되거나, 지방이 많은 식품 또는 체내에서 지방 전환이 되는 식품을 필요 이상으로 섭취하기 때문이다. 보통 콜레스테롤은 총합의 수치가 240mg/dL 미만이면 적절하다고 판단하지만, 다른 지질 검사의 항목 결과를 포함해서 종합적으로 평가해야 한다. 즉 콜레스테롤은 단순히 총합의 수치가 높다고 해서 나쁘다고 단정할 수는 없다. 총합의 수치에는 좋은 콜레스테롤인 고밀도 지단백 콜레스테롤(HDL)의 농도 수치도 포함되어 있기 때문이다. 흔히 혈액검사로 측정하는 지질검사의 종류에는 총 콜레스테롤, 중성지방, 고밀도 지단백 콜레스테롤(HDL), 저밀도 지단백 콜레스테롤(LDL)이 있다.

● 총 콜레스테롤의 적정 수치

▶ 적정 수치 : 140~199mg/dL

▶ 약간 높음 : 200~239mg/dL

▶ 높음 : 240mg/dL 이상

● 이상지질혈증이란?

혈중에 총콜레스테롤, LDL콜레스테롤, 중성지방이 증가된 상태거나 HDL콜레스테롤이 감소된 상태를 말한다.

● 고지혈증이란?

혈중에 콜레스테롤과 중성지방을 포함한 지질이 증가된 상태를 말한다. 고지혈증이 생기면 몸속에 필요 이상으로 지방 성분 물질이 많아져 혈액과 혈관벽에 쌓이게 된다. 이는 몸속 염증을 일으키고, 그 결과 심혈관계 질환의 발병을 높인다.

▶ 고지혈증 진단 기준

• 총 콜레스테롤 200mg/dL 이상
• 저밀도 지단백 콜레스테롤(LDL-Cholesterol) 130mg/dL 이상
• 혈중 중성지방 150mg/dL 이상

● 중성지방이란?

중성지방은 몸속 지방산이 저장되는 형태이며, 분해되어서는 신체의 에너지원으로 이용된다. 하지만 혈중에 중성지방의 양이 많아지면 동맥경화증의 원인이 되며 심혈관계 질환의 위험을 증가시킨다. 중성지방은 하루 중 아침에 농도가 가장 낮고 오후에 가장 높다. 중성지방이 500mg/dL 이상인 경우 치료가 필요한 췌장염 진단을 내릴 수 있다.

▶ 중성지방 수치를 통한 이상지질혈증 진단 기준

• 정상 : 150mg/dL 미만
• 중등도 위험 : 155~199mg/dL
• 고도 위험 : 200~499mg/dL
• 초고도 위험 : 500mg/dL 이상

● 저밀도 지단백(LDL) 콜레스테롤이란?

콜레스테롤은 비중에 따라 고밀도 지단백 콜레스테롤(HDL)과 저밀도 지단백 콜레스테롤(LDL) 등으로 분류한다. 흔히 고밀도 지단백 콜레스테롤(HDL)을 가리켜 좋은 콜레스테롤이라고 하며, 저밀도 지단백 콜레스테롤(LDL)을 나쁜 콜레스테롤이라고 한다. 혈청 내 콜레스테롤의 많은 부분이 저밀도 지단백 콜레스테롤로 존재하는데, 관상동맥질환의 위험도를 측정하는 기준이 된다.

▶ 저밀도 지단백 콜레스테롤 수치 계산법

총 콜레스테롤, 고밀도 지단백 콜레스테롤, 중성지방의 수치로부터 저밀도 지단백 콜레스테롤 농도를 계산한다. 하지만 이 계산법은 중성지방이 400mg/dL 이상일 경우에는 부정확하다.

LDL 콜레스테롤(mg/dL) = 총 콜레스테롤 수치 − HDL 콜레스테롤 수치
− (중성지방 수치 ÷ 5)

▶ 저밀도 지단백 콜레스테롤(LDL-Cholesterol)의 농도 수치를 통한 이상지질혈증 진단 기준

- 정상 농도 : 100mg/dL 미만
- 경계치 농도 : 100~129mg/dL
- 중등도 위험 농도 : 130~159mg/dL
- 고도 위험 농도 : 160~189mg/dL
- 초고도 위험 농도 : 190mg/dL 이상

● 고밀도 지단백(HDL) 콜레스테롤이란?

고밀도 지단백 콜레스테롤은 좋은 콜레스테롤로 알려져 있다. 말초 조직에 있는 콜레스테롤을 간으로 이동시켜 혈중 콜레스테롤을 제거함으로써 관상동맥질환의 위험을 낮춘다. HDL 콜레스테롤 검사는 다른 콜레스테롤 검사와 달리 수치가 낮을수록 관상동맥질환 발생이 증가한다.

▶ 고밀도 지단백 콜레스테롤(HDL-Cholesterol)의 정상 농도 수치 기준

- 남성 35~55mg/dL
- 여성 45~65mg/dL

• 참고 자료 출처 : 국가건강정보포털 · 보건복지부 · 대한의학회

살 빼는 물

인체는 물을 꼭 필요로 하지만 우리는 평소 물을 충분히 보충하지 않는 경우가 많다.
사실 인체는 생각보다 훨씬 더 물이 부족한 상태이며, 한 번 찐 살이 잘 빠지지 않는 것도
물 때문일 때가 많다.

우리는 물을 대수롭지 않게 여기는 경향이 있다. 사실 물은 인체가 생명을 유지하기 위해 꼭 필요하다. 음식의 소화와 흡수, 영양소의 운반과 사용, 몸속 독소와 노폐물을 제거하기 위해서는 물이 필요하다. 그뿐 아니라 우리 몸에서 가장 높은 비율을 차지하는 것 또한 물로 인체의 약 3분의 2가 물이다. 좀 더 세분하면 두뇌는 약 85%, 근육은 75%, 뼈는 22%가 물로 이루어져 있다.

사람에게 필요한 물의 양은 하루 평균 1.2~2.2ℓ이다. 더운 곳에서 살거나 단 음료와 카페인 음료, 술을 즐겨 먹는다면 더 많은 수분을 보충해야 신체의 수분 보유 능력을 떨어뜨리지 않는다. 또 한꺼번에 마실 때보다 하루 동안 물을 조금씩 자주 마시면 신체는 훨씬 많은 수분을 보유하게 된다.

혹시 갈증이 난 상태에서 물을 마시는가? 목마름을 느낄 때 신체는 이미 탈수 상태에 접어든 것으로 보아야 한다. 따라서 물은 갈증이 날 때만 마실 것이 아니라 하루 동안 주기적으로 조금씩 수분을 보충해 주는 것이 좋다. 인체는 수분이 부족할 때 여러 가지 방법으로 수분을 보충하라는 신호를 준다. 대표적인 신호인 갈증 외에도 수분이 부족하면 쉽게 피곤해지거나 피부와 관절이 건조해진다. 또 집중력 저하를 유발하기도 하고, 단기적으로 변비 현상이 나타나기도 한다. 단기간에 나타나는 탈수 증상은 다음과 같다.

- 두통
- 어지럼증

- 체온 상승
- 피로감
- 배고픔
- 변비
- 입, 눈, 피부 표면이 건조해짐
- 색과 냄새가 진한 소변
- 육체의 기능 감소
- 집중력 저하
- 에너지 부족
- 소화기능 저하

물을 충분히 마시지 않으면 장기적으로 신장 결석, 노화 촉진, 고혈압, 소화 문제, 우울증, 인지기능 저하, 천식, 알러지 등과 같은 질환의 발생 확률을 높인다. 신체 내 생화학 반응을 좌우하는 것은 물이다. 예를 들어 소화액은 대부분 물이 주성분인데 신체는 매일 소화관으로 소화액을 10ℓ씩 분비한다. 그중 대부분은 몸으로 다시 흡수된다. 식이섬유가 풍부한 식사를 하더라도 물이 부족하면 대변이 탈수되어 변비가 생긴다. 따라서 장기적인 관점에서 물이 부족하면 변비가 생기고, 변비는 소화와 관련된 질환의 주요 원인이 되는 것이다.

무엇보다 장기적으로 계속해서 물이 부족한 상태에 놓이게 되면 체중이 증가한다. 간혹 배고픔과 수분 부족 상태를 혼동하는 경우가 있다. 사실은 갈증을 느끼는 것인데 배가 고프다고 착각하는 경우이다. 이렇게 되면 뭔가 부족하다는 느낌을 채우기 위해 반복해서 물 대신 음식을 먹게 된다. 이럴 때는 물을 1잔씩 마시면 가짜 배고픔을 이겨낼 수 있다. 또 하루 동안 물을 틈틈이 마시는 습관은 식사 시 먹는 음식의 양에도 영향을 미친다. 또한 물은 신진대사를 활발하게 해 그 자체로도 체중 감소에 도움이 된다.

물이 아니어도 섭취하는 음식을 통해 수분 섭취 필요량의 약 19%를 얻을 수 있는데, 수분을 가장 많이 함유한 음식은 신선한 과일과 채소이다. 그러므로 식사 시 과일과 채소를 먹으면 수분도 함께 보충하게 되는 셈이다. 이와는 달리 설탕과 고단백질 음식을 먹으면 체내에 남아도는 당을 희석하고 혈액 내 아미노산 부산물을 분해하기 위해 더 많은 양의 물이 필요하다.

간혹 부종으로 물 마시는 것을 꺼리는 사람들이 있다. 이 경우 필수지방이 부족하지 않은지 살펴봐야 한다. 인체의 세포가 안팎으로 적정 수준의 수분을 보유하려면 세포막이 방수 역할을 하고 필요에 따라 물이 자유롭게 드나들 수 있게 해야 한다. 이러한 역할에 중요한 영향을 주는 것이 바로 필수지방이다. 그러므로 필수지방이 부족하면 엉뚱한 곳에 물이 과도하게 많아져 부종을 유발하고 체중이 증가한다. 즉 정작 수분이 필요한 곳에는 물이 부족해 피부 등이 건조해지는 것이다.

만일 체중조절이 필요한 상태라면 아침에 눈을 뜨자마자 신선한 물 한 잔 마시는 습관을 들여야 한다. 또 잠자리에 들기 전까지 꾸준히 수분을 보충해야 한다. 몸속에 수분이 부족하면 칼로리가 연소되는 속도가 떨어지고 음식의 영양분을 제대로 흡수하지 못한다. 체중 감량이 필요하다면 물 마시는 것에 관심을 기울여야 할 것이다.

체중 관리를 위한 물 마시기 전략

❶ 아침에 일어나면 입안을 헹군 후 물 1잔을 마신다.

❷ 하루 동안 120㎖씩 최소 8회 이상 마신다.

❸ 벌컥벌컥 마시기보다 천천히 한 모금씩 마신다.

❹ 설탕 음료, 커피, 차, 술을 마실 때는 함께 마실 물 1잔을 더 준비한다.

❺ 식사 시 과일과 채소로 수분을 보충한다.

❻ 물을 마시기 힘들 때는 따뜻한 물에 민트 등의 허브, 레몬밤, 생강, 레몬, 돼지감자 등을 넣어 마셔도 좋다.

❼ 외출할 때 항상 물 1병을 챙긴다.

❽ 운동 중에는 10~15분 간격으로 물을 보충한다.

❾ 혹시 수분 부족이 아닌지 소변을 점검한다. 소변의 양이 많고 색과 냄새가 옅어야 한다.

뱃살을 줄이는 식단의 첫걸음

뱃살을 줄이는 식단을 실천하기 위해서는 음식의 당부하지수, 즉 GL 지수에 대한 이해가 필요하다.
매 끼니마다 정확한 GL 지수를 계산할 필요는 없다.
하지만 대략적인 GL 지수를 파악해 두면 자연스럽게 내 식단에 어떤 음식을 포함시켜야 할지,
어떤 음식을 꺼려야 하는지 판단하는 데 큰 도움이 된다.

GL 지수(당부하지수) 이해하기

당부하지수(Glycemic Load)란 음식의 당지수(Glycemic Index)에 섭취하는 탄수화물의 양과 성질(음식 조리 시 변화되는 탄수화물의 성질)의 측정 개념을 결합해 수치로 나타낸 것이다.

지금까지 다이어트 식단에 많이 사용한 당지수는 질을 측정하는 '정성(Quality)' 측정 방식으로 그 음식에 함유된 탄수화물이 소화되는 과정에서 빨리 흡수되느냐 늦게 흡수되느냐를 알려준다. 반면 양을 측정하는 '정량(Quantity)' 측정의 경우 음식에 함유된 탄수화물의 양을 알 수 있지만, 특정 탄수화물이 혈당에 어떤 영향을 미치는지는 알 수 없다. 즉 당부하지수는 2가지 개념을 모두 적용한 '탄수화물 양(정량 측정) × 당지수(정성 측정)' 방식을 채택한다.

이처럼 탄수화물의 흡수 속도만을 측정하는 'GI 지수(당지수)'는 음식의 당 함량 척도로만 사용할 수밖에 없다. 반면 GL 지수(당부하지수)는 탄수화물 음식을 먹고 소화하는 과정 중 혈당에 미치는 영향을 모두 고려한 것이므로 탄수화물 음식의 섭취량을 가늠하는 데 유리하다.

따라서 평소 식단에 GL 지수를 활용하면 섭취하는 탄수화물 음식의 양뿐만 아니라 종류에도 관심을 갖게 된다. 즉 탄수화물 식품 중 무엇을 얼마나 먹을 것인지 알게 되어 탄수화물 식품의 섭취 비율을 가늠할 수 있고 자연스럽게 식단 관리가 용이해진다.

하루 식사에 필요한 적정 GL 지수는?

1. 체중과 뱃살을 줄이려면 하루에 GL 지수 40을 지켜서 먹는다. 참고로 마늘 바게트 빵 2조각은 무려 GL 지수가 420이다.

2. 현재 체중과 뱃살을 유지하려면 하루에 GL 지수 60을 꾸준히 먹는다.

◩ 다음의 표는 음식에 따른 GL 지수(당부하지수)를 나타낸 것이다. 뱃살을 줄이기 위해서는 1회 간식으로 GL 지수가 5, 한 끼 식사로 10 정도인 음식을 섭취하는 게 가장 좋다. 참고로 햄버거, 라면, 콜라, 도넛 등의 식품은 GL 지수가 20 이상이다.

음식	1회 예상 섭취량	GL
과일		
블루베리	1팩(600g)	5
사과	작은 크기 1개(100g)	5
자몽	작은 크기 1개	5
살구	4개	5
포도	10알	5
파인애플	1조각	5
수박	1조각	5
건포도	20개	10
바나나	작은 크기 1개	10
녹말 채소		
늙은 호박/호박	많은 듯한 1회분(185g)	7
당근	1개(158g)	7
비트	작은 크기 2개	5
삶은 감자	작은 크기 3개(60g)	5
고구마	1개(120g)	10
구운 감자	1개(120g)	10
감자튀김	10조각	10
곡물/ 빵/ 시리얼		
퀴노아(익힌 것)	65g(2/3컵)	5
통보리(익힌 것)	75g	5
쿠스쿠스(불린 것)	1/3인분(46g)	7
흰쌀(익힌 것)	1/2회분(66g)	10
거친 귀리 비스킷	2~3개	5
호밀 흑빵	식빵 절반 크기(1/2장)	5
통밀빵	식빵 절반 크기(1/2장)	5
베이글	1/4개	5
뻥튀기 쌀과자	1개	5
백밀가루로 만든 면류(익힌 것)	적은 듯한 1회분(86g)	10
콩류		
대두	3.5캔(통조림)	5
얼룩덜룩한 강낭콩	1캔(통조림)	5
렌틸콩(익힌 것)	많은 듯한 1회분(200g)	7
강낭콩(익힌 것)	많은 듯한 1회분(150g)	7
병아리콩(익힌 것)	많은 듯한 1회분(150g)	7

가짜 배고픔을 이기는 방법

원인 모를 피로감이 생기며, 뱃살이 줄지 않고 체중 관리가 힘겹다면 '혈당 요요'라는 악순환에 접어든 것은 아닌지 의심해야 한다. 이는 단 음식을 비롯한 탄수화물 탐닉을 의미한다. 따라서 다음의 6가지 해법을 통해 혈당 조절 능력과 에너지 소비 능력을 회복해야 한다. 빠르게 실천할수록 뱃살을 줄이고 체중을 잘 관리할 수 있는 몸으로 만들 수 있다.

가짜 배고픔의 원인

'가짜 배고픔'은 실제로 배고프지 않은데도 불구하고 계속해서 음식을 탐닉하는 것을 말한다. 이것은 앞서 언급한 바와 같이 내 몸의 혈당 조절 능력에 문제가 생긴 까닭이다.

혈당 조절 능력의 문제로 인해 뱃살을 줄이기 힘든 사람들은 대체적으로 다음과 같은 생활 패턴을 보인다.

- 매일 에너지(활력) 수준이 저조하거나 매우 저조하다. 또 자주 에너지 수준이 떨어진다.
- 자고 일어나도 피곤하다. 8시간 넘게 수면을 취해도 잠이 부족하다고 느낀다.
- 에너지 수준이 낮은 사람일수록 카페인 음료, 설탕, 정제식품을 많이 섭취한다. 차나 커피, 콜라 등의 카페인 음료를 마시지 않고는 못 견딘다. 또 스트레스를 많이 받는 사람일수록 카페인 음료와 단 음식을 많이 섭취한다.
- 식사량이 매우 불규칙적이다. 식사량을 일정하고 비슷하게 조절하지 못하고 많이 먹거나 아예 굶는 것을 반복한다.

혈당 조절 능력에 문제가 있는 사람들이 설탕을 주성분으로 하는 음식을 하루에 한 번 이상 먹으면 건강 상태가 최상일 확률이 절반으로 줄어든다. 따라서 혈당에 문제가 있는 사람은 반드시 음식의 탄수화물 함량에 초점을 맞춰야 한다.

그 이유는 다른 2가지 주요 영양소인 필수지방과 단백질이 혈당 조절 능력을 정상으로 만드는 데 아무런 영향을 미치지 못하기 때문이다.

뱃살 줄이는 것을 어렵게 만드는 대표적인 증상은?

① 잠에서 깰 때 피곤하다.
② 차 또는 커피를 마시거나 단 음식을 먹지 않고는 일을 시작할 수 없다.
③ 식사 후에 단 음식이나 커피를 찾는다.
④ 오후에 에너지가 갑자기 사라지고 무기력해진다.
⑤ 피곤함이 지속된다.

가짜 배고픔을 이기는 해법

가짜 배고픔을 이기는 해법은 다음과 같다.

❶ 탄수화물 음식의 섭취를 지금 먹는 양에서 최소 2/3 또는 최대 1/2로 줄인다.

먼저 탄수화물 섭취량을 조절하는 것이 전제가 되어야만 다음의 내용을 식단에 넣었을 때 최상의 효과를 발휘할 수 있다.

❷ 필수지방과 단백질을 반드시 탄수화물과 함께 섭취한다.

탄수화물과 함께 필수지방, 단백질을 함께 섭취해야 탄수화물이 혈당에 미치는 영향을 줄여 식사 시 GL 지수(당부하지수)를 낮출 수 있다.

❸ 식사 시 배불리 먹지 않고 부족한 듯 가볍게 먹는다.

이것은 조금씩 자주 먹으라는 뜻이다. 즉 아침·점심·저녁 세 끼를 꼭 먹고, 아침과 점심 사이 그리고 점심과 저녁 사이에는 GL 지수가 낮은(Low GL) 간식을 조금씩 먹으면 된다.

❹ 식간에 GL 지수가 낮은 간식을 조금씩 먹는다.

이렇게 식간에 간식을 먹으면 내 몸에 꾸준히 균일하게 연료를 공급하게 되어 못 견디게 음식이 먹고 싶은 현상을 줄일 수 있다. 그렇다고 먹고 싶지 않은데 간식을 먹는 것은 좋지 않다.

❺ 식후 곧바로 과일, 음료 등의 디저트를 먹지 않는다.

식후 식습관은 매우 중요하다. 특히 GL 지수가 높은(High GL) 과일, 설탕 음료나 차, 청량음료, 카페인 음료, 설탕이 함유된 과일 주스, 케이크를 식후 곧바로 먹는 습관이 반복되면 혈당 조절 능력에 문제가 생기며 뱃살을 줄이는 데 적지 않은 어려움을 겪게 된다.

❻ 커피를 마실 때 빵 등 탄수화물 음식을 함께 먹지 않는다.

혈당과 관련해 커피와 탄수화물의 조합은 치명적이다. 특히 식사 시 균일한 정량을 먹지 않게 만드는 원인이 된다.

혈당 조절 능력을 저해하는 카페인

카페인은 식욕을 억제하여 입맛을 까다롭게 만들고, 아침 식사를 거부하는 나쁜 식습관을 만든다.

왜, 식이섬유소를 먹어야 할까?

식이섬유소는 탄수화물의 한 종류로 '섬유소'나 '섬유질' 또는 '셀룰로오스'라고도 부른다. 물에 녹는지 여부에 따라 수용성과 불용성으로 나뉘는데, 두 성질을 모두 갖고 있는 식이섬유소 음식도 많다. 다만 이들 식이섬유소는 수분 섭취가 매우 중요하다. 수분과 만날 때 부피가 증가하므로 수분을 보충하지 않으면 오히려 변비가 생길 수 있기 때문이다.

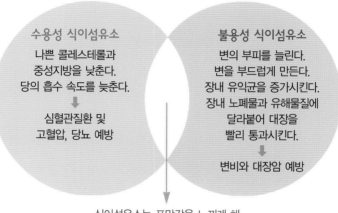

수용성 식이섬유소
나쁜 콜레스테롤과
중성지방을 낮춘다.
당의 흡수 속도를 늦춘다.
↓
심혈관질환 및
고혈압, 당뇨 예방

불용성 식이섬유소
변의 부피를 늘린다.
변을 부드럽게 만든다.
장내 유익균을 증가시킨다.
장내 노폐물과 유해물질에
달라붙어 대장을
빨리 통과시킨다.
↓
변비와 대장암 예방

식이섬유소는 포만감을 느끼게 해
체중조절에 도움이 되고, 비만과 대사성 질환을 예방한다.

식이섬유소의 특징은 장내 소화효소에 의해 분해되지 않는다는 것이다. 그런 이유로 과거에는 식이섬유소의 영양적 가치를 중요하게 생각하지 않았다. 하지만 식이섬유소를 적게 먹는 사람이 대장암이나 심장병, 당뇨 등 대사성 질환을 비롯한 만성질환에 더 많이 노출된다는 연구 결과가 발표되면서부터 식이섬유소의 중요성이 높게 평가받기 시작했다. 현재는 비만을 예방하는 동시에 우리 몸에 꼭 필요한 영양소 중 하나가 되었다.

비만은 음식의 섭취를 통해 얻은 열량이 운동이나 생활 활동 등에 사용하는 에너지에 비해 지나치게 많은 경우 생긴다. 즉 섭취 열량이 소비 열량을 초과할 때 체중이 증가한다. 특히 초과한 섭취 열량은 고스란히 뱃살과 내장지방으로 저장되기 쉽다. 결국 음식의 양에서 만족감을 느끼지 못하는 것이 문제이다. 이때 식이섬유소가 풍부한 음식을 먹으면 상당한 시간 동안 포만감을

식이섬유소 섭취 가이드

❶ 과일 · 해조류 · 견과류 · 채소 · 콩류 · 근채류와 귀리 등의 곡물을 골고루 먹어야 수용성과 불용성 식이섬유소를 모두 섭취할 수 있다. 또한 다양한 색깔의 식이섬유소 식품을 골고루 먹어야 항산화 효과를 얻을 수 있다.

❷ 종류가 다른 식이섬유소 음식을 매일 350~500g 정도 먹어야 성인 기준 식이섬유소의 일일 권장 섭취량인 20~25g을 충족한다.

❸ 식이섬유소가 풍부한 음식을 먹고 나서 하루 중 수분을 충분히 섭취하지 않으면 오히려 변비가 생기기 쉽다. 따라서 물을 충분히 섭취하는 것이 중요한데, 다만 한꺼번에 많은 양을 마시기보다 하루 동안 나눠서 수분을 보충하는 것이 가장 좋다.

❹ 과일의 올바른 식이섬유소 섭취를 위해 즙을 내서 먹는 것을 삼간다. 이 같은 섭취 방식은 오히려 일시적으로 혈당 수치를 올릴 뿐이다. 또한 과일은 1회분 섭취량을 참고해서 먹어야 혈당 수치를 올리지 않고 건강하게 먹을 수 있다.

❺ 식이섬유소가 풍부한 일부 음식 중 고구마와 토마토, 감 등에 함유된 탄닌 성분은 미네랄과 만나면 위산을 과도하게 분비해 위 건강을 저해할 수 있다. 따라서 공복 섭취에 나쁜 식품을 참고해 식단을 구성하기를 권한다. 이 외에도 생식을 하는 식이섬유소 식품 중에는 다량 섭취 시 복통을 유발하는 식품이 있으므로 이런 경우 먹는 양을 조절하거나 생식 대신 찌거나 가볍게 조리해서 먹는다.

❻ 식이섬유소를 과다 섭취하면 안 되는 질환을 갖고 있거나 고령자 및 성장기 어린이는 비타민, 무기질 등 영양소의 흡수가 저해될 수 있다. 또 수분 보충이 잘 되지 않으면 탈수 위험이 따르므로 먹는 양에 각별히 주의한다.

느낄 수 있으므로 이러한 식이섬유소의 능력을 활용하면 체중조절 시 충분히 좋은 결과를 얻을 수 있다.

아직까지 우리나라 성인의 하루 평균 식이섬유소 섭취량은 12~14g 정도에 머문다. 하루 권장 섭취량이 20~25g인 점을 고려하면 50% 정도에 불과한 수준이다. 비만과 뱃살로 인해 대사성 질환과 만성질환자가 증가하는 추세임에도 식이섬유소의 놀라운 능력을 간과하고 있다는 방증이다.

그러므로 지금보다 건강해지려면 종류가 다른(수용성과 불용성) 식이섬유소를 매일 골고루 섭취해야 한다. 이는 같은 식이섬유소라 하더라도 체내에서 작용하는 장점이 각각 다르기 때문이다. 따라서 뱃살을 줄이고 체중 감량을 시도할 때는 무조건 식이섬유소가 풍부한 음식보다는 종류가 다른 식이섬유소를 매일 꾸준히 섭취하는 것이 더 중요하다.

VEGETABLE INTAKE SELF TEST

혹시 나는 채소 섭취가 부족한 것은 아닐까?

당신은 채소를 얼마나 섭취하고 있나요? 각 항목별로 천천히 내용을 읽고 자신에게 해당되는 내용에 체크를 하면 현재 자신의 채소 섭취 상태가 부족한지 여부를 점검할 수있습니다. 이번 기회에 평소 자신의 몸 상태와 채소 섭취와 관련된 식습관을 점검함으로써 채소 섭취가 부족한지 여부를 확인하시기 바랍니다. 또한 현재 먹고 있는 채소의 양을 늘려야 할지 여부도 점검할 수 있습니다.

채소를 섭취하면 부족하기 쉬운 비타민과 미네랄, 식이섬유소를 보충해 신체의 신진대사를 높이고, 에너지 대사를 원활하게 해 결국 살이 잘 찌지 않는 몸으로 바꿔줍니다. 또채소를 매일 일정량 섭취하면 질 좋은 단백질과 탄수화물을 함께 보충할 수 있습니다. 채소에서 얻은 단백질과 탄수화물이 에너지 대사에 좋은 역할을 한다는 사실도 꼭 기억하세요.

채소 섭취 자가진단

☐ 너무 바쁘거나 귀찮아 신선한 채소 반찬이 있는 집밥을 해먹는 경우가 주 4회 미만이다.

☐ 외식은 최소 주 2회 이상이며 대체로 잦은 편이다.

☐ 주로 앉거나 누워 있는 것을 좋아하고 활동량이 적다.

☐ 채소를 손질하고 씻기 귀찮아 매일 먹지는 않는다.

☐ 식사 시간이 불규칙하다.

☐ 간편하게 끼니를 해결하고 싶은 마음에 컵라면, 햄버거, 편의점 도시락 등 채소 섭취가 거의 없고 튀긴 음식이 많은 가공식품을 즐겨 먹는다.

☐ 아침에 잠에서 깨기 힘들고 일어나기 어렵다.

☐ 아침에 일어날 때는 몸이 무겁고 피곤함이 남는다.

☐ 걷기가 힘들다고 느끼거나 걷는 것을 싫어한다.

☐ 주로 앉아서 일을 한다.

☐ 소염진통제, 항생제 등의 약을 자주 먹는 편이다.

- ☐ 무엇을 하든 쉽게 피로해진다.
- ☐ 의욕이 없는 편이다.
- ☐ 탄산음료, 당 음료 등 시판 음료 제품을 주 3회 이상 마신다.
- ☐ 카페인 음료를 매일 2회 이상 마신다.
- ☐ 주 3회 이상 술을 마시거나 과음을 하는 경우가 주 1회 이상이다.
- ☐ 담배를 피운다.
- ☐ 뱃살이 점점 늘고, 식사량을 줄여도 뱃살이 쉽게 줄지 않는다.
- ☐ 갑자기 체중이 늘거나 이유 없이 체중이 감소한다.
- ☐ 부종이 심하다.
- ☐ 음식을 먹을 때마다 땀을 과도하게 흘린다.
- ☐ 머리카락이 잘 빠지거나 푸석푸석하다.
- ☐ 피부가 건조하다.
- ☐ 훈제식품과 햄, 소시지, 베이컨 등 육가공 식품을 주 2회 이상 먹는다.
- ☐ 염장식품과 건어물을 주 3회 이상 먹거나 거의 매번 즐겨 먹는다.
- ☐ 스트레스를 잘 받고 좀처럼 풀지 못하며, 스트레스에 취약한 편이다.
- ☐ 자주 우울한 감정이 든다.
- ☐ 어딘가에 부딪히거나 넘어지기만 해도 쉽게 멍이 든다.
- ☐ 변비가 심하다.
- ☐ 묽은 변을 볼 때가 잦다.
- ☐ 배고픔을 쉽게 느낀다.
- ☐ 식후 2시간이 지나면 식사 때 먹지 않은 다른 음식이 생각나고 음식에 대한 갈망을 느낀다.
- ☐ 체중이 계속해서 증가한다.
- ☐ 충분히 쉰 것 같은데도 피로가 풀리지 않는다.
- ☐ 매일 권태감이나 피로감을 느낀다.
- ☐ 빵, 떡, 과자를 비롯해 흰쌀밥 등 높은 GL 및 정제된 탄수화물 식품을 자주 섭취한다.
- ☐ 라면, 국수, 쫄면, 만두 등 면 음식을 즐겨 먹는다.
- ☐ 도넛, 꽈배기, 호떡, 핫도그, 군만두 등 고온에서 기름에 튀기거나 구운 밀가루 음식을 즐긴다.

- [ ] 삼겹살, 차돌박이, 우삼겹, 오리고기, 치킨, 돈가스 등 고온에서 구운 고지방 육류 음식을 자주 섭취한다.
- [ ] 국, 찌개, 전골 등의 국물 음식을 매일 혹은 주 3회 이상 먹는다.
- [ ] 동그랑땡, 어묵, 참치 통조림, 게맛살 등 통조림과 육가공 식품을 반찬으로 거의 매일 빠지지 않고 즐겨 먹는다.
- [ ] 마가린, 버터, 치즈, 생크림 등 유제품을 매일 먹는다.
- [ ] 피부 트러블이 잘 생긴다.
- [ ] 잔병치레가 잦다.
- [ ] 건망증이 심한 편이다.
- [ ] 잘못된 칫솔질이 아닌데도 잇몸에서 피가 잘 난다.

당신의 건강지수 점수

체크한 항목이 5개 이상이면 채소 섭취를 통한 비타민과 미네랄, 식이섬유소가 부족한 상태이다. 채소를 꾸준히 즐겨 먹으면 미각이 예민해져 나쁜 음식에 대한 미각의 변별력이 생긴다. 동시에 몸이 가벼워지고 점점 활력이 생겨 채소를 먹는 즐거움을 온전히 느끼게 될 것이다.

채소 섭취를 돕는 식단 팁

- 식이섬유소의 일일 권장 섭취량을 채우기 위해서는 하루 중 한 끼를 채소 중심의 식사로 바꾸는 것이 좋다.
- 쌈밥과 비빔밥도 채소를 먹기에 좋은 식단이다. 하지만 쌈밥의 경우 상추, 깻잎 외에 다른 채소를 잘 먹지 않게 되므로 종류가 다르고 다양한 색의 쌈 채소를 꼭 추가하도록 한다.
- 비빔밥은 익힌 나물에 간을 강하지 않게 하고, 생채소와의 비율을 적절하게 맞춘다. 또 기름을 많이 넣고 볶는 조리법은 가급 피하고, 밥을 비빌 때 좋은 지방을 섭취하도록 들기름, 올리브오일 등을 선택해서 첨가한다.
- 아침 공복에 씹으면서 마시는 입자가 거친 주스도 좋다. 다만 공복 시 위에 부담이 가지 않는 채소와 과일을 선택하고 즙만 낸 주스보다는 씹으면서 마시는 주스로 만든다. 이때 생수를 꼭 추가하도록 한다.

식이섬유소, 정말 많이 먹어도 될까?

이상적인 식이섬유소 섭취량은 하루 20~25g이다.

모든 채소와 통곡물에 포함된 식이섬유소의 양과 성질은 다르다.

불용성 식이섬유소는 수분을 흡수하는 스펀지처럼 마시는 물을 잘 흡수해
무게는 가볍지만 부피가 큰 **건강한 배변**을 보게 한다.

다양한 식품을 통해 식이섬유소를 한 끼 8~10g 정도씩 섭취한다.
물은 식후·식전·식간마다 조금씩 꾸준히 마셔야 한다.

그렇다면 식이섬유소를 왜 먹어야 할까?

식이섬유소는 음식물이 장을 따라 이동하는 데 필수적인 작용을 한다.
즉, 원활한 배변 활동을 통해 각종 노폐물 등을 배출한다.

식이섬유소는 혈당의 흡수와 방출을 늦춰 배고픔을 덜 느끼게 한다.
즉, 좋은 에너지 수준을 정상적으로 유지시키는 데 이롭다.

그렇다면 식이섬유소를 어떻게 섭취해야 할까?

잘못된 음식의 조리가 식이섬유소 섭취량을 감소시킨다는 점에 유의한다.
신선하게 먹을 수 있는 채소가 가장 이상적인 식이법이다.
즉, 과일부터 해조류까지 다양한 음식을 통해 식이섬유소를 골고루 섭취하는 게 더 중요하다.

결국 뱃살을 줄일 수 있는 첫걸음은 신선한 채소를 먹는 것이다.

식이섬유소가 풍부한 채소 1회분 섭취량 : 섬유소 1회 제공량 8~10g을 먹는 양

▶ 다음의 표는 한 끼 샐러드로 넣기에 알맞은 식품의 조합에 대한 참고 내용이다.
채소의 조합에 따라 식이섬유소 1회 제공량 8~10g에 해당하는 섭취량을 나타낸 것이다.
더 풍부한 식이섬유소 섭취를 원한다면 하루 중 통곡물 빵 1장, 해바라기씨 1큰술, 귀리밥 80g,
작은 크기의 사과 1/2개 등 통곡물 식품, 씨앗류, 식이섬유소가 풍부한 과일을 더 추가한다.

한 끼 샐러드를 위한 식품의 조합	섬유소 8~10g에 해당하는 1회분 섭취량(3GL)
아보카도 + 브로콜리 + 잎채소	190g + 100g + 100g
완두콩 + 당근 + 잎채소	25g + 25g + 100g
양배추 + 양상추 + 잎채소	150g + 80g + 100g
브로콜리 + 콜리플라워 + 잎채소	100g + 100g + 100g
방울양배추 + 토마토 + 잎채소	100g + 35g + 100g
잎채소(케일 + 청상추 + 오크립)	모두 합해서 최대 300g까지
잎채소(적겨자 + 레드 치커리 + 로메인)	모두 합해서 최대 300g까지
잎채소(어린잎채소 + 적상추 + 이자벨)	모두 합해서 최대 300g까지
잎채소(깻잎 + 적근대 + 꽃상추 + 이자벨)	모두 합해서 최대 300g까지
그린빈 + 시금치 + 잎채소	75g + 100g + 100g
돼지호박(주키니) + 잎채소	100g + 200g
올리브(병조림) + 렌틸콩 + 잎채소	7~10알(크기에 따라) + 30g + 100g
가지 + 아스파라거스 + 양파	100g + 60g + 90g

신선한 채소의 식이섬유소는
혈당의 흡수와 방출을 늦춰 좋은 에너지를 유지하는 데 큰 도움이 된다.

콩류와 통곡물의 식이섬유소는
소화 불량의 근본 원인인 변비와 장내 부패를 예방하는 데 특히 효과적이다.

건강한 삶을 위해
지금부터
소사소식 少思小食 하라.

PART 2

뱃살을 줄이는 한 끼!
샐러드 식판식

샐러드 식판식을 완성하는 팁

❶ 색깔과 종류가 다른 채소를 최소 2종 이상 구성한다.

❷ 혈당 관리를 위해 밥과 과일의 1회분 양을 확인한다.

❸ 무결점 채소인 브로콜리, 콜리플라워, 양배추 중 한 가지는 식단에 꼭 넣는다.

❹ 과도한 염분 섭취를 방지하기 위해 소금은 1그램 전용 스푼을 사용하고, 고운 소금 대신 입자가 적당히 있는 것을 선택한다.

❺ 좋은 지방의 꾸준한 섭취를 위해 올리브오일 등을 샐러드에 첨가한다.

❻ 되도록 드레싱은 가공 제품을 사용하지 않고, 과일을 활용해 단맛을 낸다.

❼ 레시피에 사용한 과일은 제철 과일로 대체해도 좋다.

❽ 먹을 때는 젓가락을 사용한다.

1DAY ONE SALAD
LOW GL 112

샐러드 식판식 성공 가이드

하루 한 끼는 채소에 집중하자. 혹시 몇 년 사이 체중이 급격하게 늘었는가? 혈액 검사에서 대사증후군의 위험 수치를 발견했는가? 그렇다면 이 책에서 제시한 '샐러드 식판식'을 시작하라. 특히 만성질환이 시작되는 나이거나 호르몬 변화를 겪는 시기라면 '샐러드 식판식'을 활용하기를 권한다. 하루에 한 번 정도는 샐러드 식판식을 꾸준히 실천함으로써 자연스럽게 채소 먹는 습관을 몸에 배게 하는 것이 중요하다.

식판 크기 : 가로 17.5cm · 세로 23cm · 깊이 2.5cm

내 그릇에 무엇을 담고 얼마나 먹을 것인가?

대다수의 사람들이 체중 감량을 위한 식단으로 '샐러드'를 가장 많이 선택한다. 샐러드는 식이섬유소가 풍부한 채소와 과일을 먹을 수 있는 좋은 방법이기도 하다. 하지만 샐러드 식사를 꾸준히 유지하는 것이 쉽지 않다고 한다. 왜 그럴까?

샐러드만 먹기 때문이다. 그래서 늘 배고픔과의 전쟁을 힘겹게 견뎌야 하고 복통 등 소화장애를 겪는다. 또 드레싱을 만들고 샐러드 채소를 다듬고 준비하는 과정을 번거롭게 여긴다. 그렇다 보니 완성된 시판 제품을 구입하게 되는데, 이는 오히려 지속성을 떨어뜨리는 원인이 된다.

먼저 '왜 하루에 한 끼는 꼭 샐러드 식사를 해야 하는지' 자신에게 질문할 필요가 있다. 그런 다음 가장 솔직하게 답변을 하면 현실적인 식사 원칙을 정하는 데 도움이 된다. 이것은 내 몸을 위해 건강해지는 첫걸음이 되고, 내게 적합한 최적의 식단을 만들어 최대의 효과를 낳는 시작이 될 것이다.

❶ **한 끼는 채소에 집중하라!** 하루에 한 번은 꼭 채소에 집중한 식사 원칙을 세운다.

❷ **샐러드를 반찬으로!** 우리는 밥과 국, 반찬 등을 함께 먹는 식단에 익숙하다. 이러한 식단은 우리의 오래된 관습이다. 따라서 밥과 반찬을 적용한 '샐러드 식판식'을 활용하면 한 그릇에 담은 샐러드 식사보다는 꾸준함이 생긴다. 무엇보다 생채소 외에도 익혀서 먹는 곡물 등의 다양한 식이섬유소를 함께 섭취해야 건강에 유익하다.

❸ **탄수화물을 두려워 마라!** 인체의 대사작용을 위해 적절한 양의 탄수화물 섭취는 꼭 필요하다. 하지만 체중 감량 시 탄수화물 음식부터 극단적으로 절식하는 경우가 많다. 이는 쉽게 다시 살찌게 하고, 식단 관리에서 반복된 오류를 답습하게 만든다. 반면 샐러드 식판식은 체중 관리에 효율적인 탄수화물의 양을 섭취하도록 유도한다. 또 오랫동안 유지하기 어려운 샐러드 식사의 단점을 보완한다.

❹ **물**(또는 차)**과 간식으로 식탐을 줄여라!** 장점이 많은 샐러드 식사라도 초기에는 식사 후 금방 허기를 느낄 수 있다. 이는 당연한 현상으로 의지가 부족한 것이 아니므로 자신을 탓하지 마라. 그럴 때 수분 보충과 간식을 활용하면 좋다. 하루 중 틈틈이 마

시는 물과 식간에 약간의 간식을 먹는 것은 타오르는 식탐을 잠재우는 좋은 방법이다. 음식에 대한 갈망을 무조건 억누르다 보면 오히려 식탐이 더 커질 뿐이다. 다만 간식도 자신이 정한 시간에 정한 양만 먹도록 한다.

★ 간식은 GL 지수를 참고해 적절한 종류와 양을 먹도록 한다.

❺ **샐러드 드레싱은 심플하게!** 소스 맛으로 샐러드 먹는 것을 경계해야 한다. 신선한 채소와 적절한 양의 과일에 품질 좋은 올리브오일(또는 들기름, 참기름, 아보카도오일 등), 약간의 소금과 후추(또는 허브)만으로도 충분히 맛있는 샐러드를 만들 수 있다.

❻ **소금은 1그램(g) 계량스푼을 활용하라!** 염분 섭취가 신경 쓰인다면 1g 계량스푼을 사용하자. 1g 계량스푼은 쉽게 구할 수 있고 아마 집안 어딘가에 있을지도 모른다. 하루 한 번 먹는 샐러드에 1g 계량스푼을 사용해 소금의 양을 조절하면 나머지 식사에서 염분 섭취가 정확하지 않아도 과거에 비해 염분 섭취를 훨씬 줄일 수 있다. 그렇게 하루하루 샐러드 식사를 실천하다 보면 소금 1g만 넣은 샐러드가 충분히 간간하다는 사실을 알게 될 것이다.

❼ **숟가락보다는 젓가락을 사용하라!** 젓가락으로 식사를 하면 한 번에 먹는 음식의 양을 조절하고, 천천히 꼭꼭 씹는 습관을 만들 수 있다. 젓가락 사용은 소식하는 습관을 만드는 데 충분히 도움이 된다.

❽ **가짜 배고픔은 수분 보충으로!** 식이섬유소가 풍부한 샐러드 식사를 하면서 물을 마시지 않는다면 오히려 변비가 생길 수 있다. 또 기존보다 줄어든 식사량도 변비의 원인이 된다. 따라서 체중 감량에서 노폐물의 배출은 중요하므로 수분 보충은 필수다. 그뿐 아니라 아침에 일어나 마시는 물 한 잔은 온종일 인체 대사에 좋은 영향을 준다. 무엇보다 부지불식간 느끼는 가짜 배고픔을 이기는 길이기도 하다. 하루 동안 조금씩 마시는 물이 얼마나 내 몸에 유익한 작용을 하는지 곧 알게 될 것이다.

★ 미지근한 온도의 물을 120㎖씩 1~2시간 간격으로 최소 8회 이상 보충한다.

❾ **하루 한 끼는 식판식을!** 같은 음식의 양이라도 그릇에 따라 훨씬 적게 느껴지거나 많게 느껴질 수 있다. 즉 그릇의 모양에 따라 포만감에 대한 만족도는 훨씬 달라진다. 이러한 원리를 활용한 식판식은 폭식과 과식을 개선하는 데 상당한 도움을 준다. 따라서 하루 한 번 식판에 밥과 샐러드를 담아 먹으면 탄수화물 음식의 양을 쉽게 조절할 수 있다.

규칙만 알면 쉽다! 뱃살을 줄이는 식단 공식

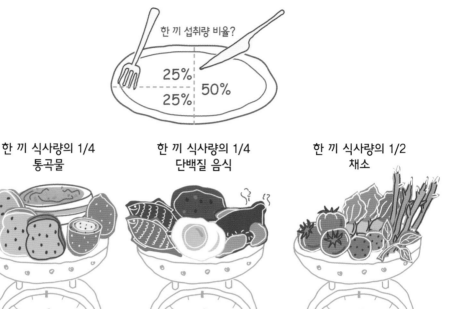

한 끼 섭취량 비율?

25%
25%
50%

한 끼 식사량의 1/4
통곡물

한 끼 식사량의 1/4
단백질 음식

한 끼 식사량의 1/2
채소

1
슈퍼 곡물·통곡물
(콩·녹말 채소 포함)

1
단백질 식품
(좋은 지방 포함)

2
다양한 채소
(적정량의 과일 포함)

혈당의
흡수와 방출이 느린
Low GL의
탄수화물 음식

탄수화물의
흡수와 방출을
느리게 도와주는
단백질 음식

식이섬유소와
비타민·미네랄이 풍부한
다양한 종류의
신선한 채소류

저절로 다양한 종류의 탄수화물 식품을 적정량 섭취

하루에 한 번은 채소 중심의 식사를 한다!

샐러드 식단은 굳이 GL 또는 칼로리 계산을 하지 않아도 된다.

GL(Glycemic Load: 섭취하는 음식의 탄수화물의 양과 성질, 흡수 속도를 고려한 당부하지수)은 음식의 에너지 사용량을 가늠하는 '칼로리'나 단백질 1회 제공량을 나타내는 '그램'과 같은 측정 단위이다. 즉, GL의 수치는 음식이 혈당에 어떤 영향을 미치는지 알려준다.

Low GL 음식은 혈당의 느린 흡수와 방출로 온전히 연료로만 지방을 태우도록 체내에서 작용하는 반면, High GL 음식은 빠른 흡수와 방출로 혈당 조절에 큰 영향을 미쳐 지방의 저장 등 바람직하지 않은 신체 작용을 유발한다. 따라서 GL 지수는 탄수화물 음식의 적정 섭취량과 섭취해야 할 탄수화물 음식의 종류를 알려준다.

안정적인
혈당 조절

① 단 음식을 열망하거나 급작스런 배고픔
현상이 안정되는 **균형 잡힌 혈당 유지**

② 점심 식사 후 힘이 빠지면서 에너지가
급속히 떨어지지 않아 **활력 유지**

③ 짜증, 불안, 우울, 과잉 흥분 등
감정 기복이 사라져 **쾌청한 기분 유지**

④ 먹어도 충분함을 느끼지 못하고
배고픔을 느끼는 **가짜 배고픔 방지**

⑤ 에너지 연료로 쓰일 만큼만 적정량의
탄수화물 음식을 섭취함으로써
지방 저장 억제

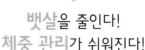

뱃살을 줄인다!
체중 관리가 쉬워진다!

단 음식과 탄수화물 음식을 섭취하면 혈당치가 증가한다. 이때 **인슐린**(Insulin) 호르몬이 분비되어 혈액 속 포도당(Glucose)을 옮기는데 일부 포도당은 뇌와 근육으로 이동하여 에너지 연료로 사용된다. 이때 남은 포도당은 간으로 이동해 지방으로 전환 및 저장되는데, 그로 인해 체중이 증가한다. 그래서 인슐린은 **지방 저장 호르몬**으로 알려져 있다.

매일 먹으면 좋은 무결점 채소

채소 섭취는 음식으로 질병을 예방하는 가장 안전한 길이다. 채소 섭취의 중요성을 강조한 미국 암협회(ACS)는 '암에 걸리기 싫다면 하루 600g의 채소를 먹어라!'고 권고한다. 여러 질환 중 특히 암을 예방하는 식습관에는 채소의 역할이 절대적으로 중요하다는 의미다. 또한 비만은 염증을 부르고 각종 질병에 노출되기 쉽게 하므로 염증을 줄이는 절대적인 예방책이 필요하다고 말한다. 그것이 바로 채소의 섭취다.

흔히 채소의 올바른 섭취를 위해 '무지개색 식사'를 하라고 권장한다. 채소는 다양한 천연 색소를 보유하고 있으며, 저마다 다른 독특한 색과 맛을 가지고 있다. 이는 '파이토케미컬(Phytochemical)'이라는 성분 때문이다. 파이토케미컬은 생리활성 기능을 가진 식물성 화학물질을 말한다. 이 물질은 인간의 생명 유지를 위해 반드시 섭취해야 하는 필수영양소는 아니지만, 지속적으로 섭취가 부족할 경우 건강에 좋지 않은 영향을 미친다. 파이토케미컬이 들어 있는 채소의 섭취가 현대인에게 중요한 이유는 이 물질이 나쁜 것은 낮추고 좋은 것은 올리기 때문이다. 예를 들면 몸속 항산화 작용과 면역기능을 증가시킬 뿐 아니라, 해독 작용과 호르몬 조절에도 관여한다. 반면에 세포의 산화 손상과 염증, 암세포의 성장 속도를 감소시키며 항노화에도 관여한다.

파이토케미컬에는 노랑·빨강·주황색 등 대다수 채소와 과일에 있는 600여 종의 '카로티노이드', 보라·검정·검붉은 색의 베리류 과일과 채소에 많은 '플라보노이드' 그리고 십자화과 채소에 많은 '글루코시놀레이트'가 들어 있다. 그중에서 '자연에서 온 치료약'으로 불리는 '글루코시놀레이트(Glucosinolate)'에 주목할 필요가 있다.

글루코시놀레이트는 DNA를 공격하는 활성산소를 줄이는 항산화 작용, 즉 천연 산화방지제 역할을 한다. 또 암 세포를 억제하고 성장을 늦추는 등 항암 효과가 대단히 뛰어나다. 이러한 글루코시놀레이트를 다량 함유한 '십자화과 채소'를 꾸준히 먹어야 할 이유는 충분하다.

'십자화과 채소'는 4개의 잎이 십(十)자 모양을 하는 채소를 총칭하는 이름이다. 양배추, 브로콜리, 콜리플라워(꽃양배추)가 대표적인 십자화과 채소이다. 이 3가지 십자화과 채소는 항암 효과가 대단히 뛰어난 것으로 유명하다. 이외에도 배추, 무, 냉이, 겨자, 케일, 청경채 등도 십자화과 채소에 포함되나 양배추, 브로콜리, 콜리플라워에 비해 아직까지 검증된 효과는 미미한 편이다. 정기적으로 양배추, 브로콜리, 콜리플라워를 충분히 먹으면 암 유발 가능성을 줄일 수 있는데, 웬만한 항암제보다 더 강력한 항암 효과를 갖고 있는 것으로 수많은 연구를 통해 보고된 바 있다. 뿐만 아니라 당뇨 예방과 비만 치료에도 효과적이라는 연구 결과가 수차례 발표되었고, 심혈관계 질환의 위험요소인 고혈압과 동맥의 관리에도 도움이 된다는 점을 확인했다.

★ 국내를 비롯한 전 세계 여러 연구와 임상 결과에 따르면 '십자화과 채소' 섭취가 꾸준할수록 간암, 췌장암, 유방암, 신장암, 폐암, 난소암, 전립선암, 결장암 등 각종 암 위험이 낮아진다는 보고가 이어지고 있다.

십자화과 채소의 강력한 항암 효과는 소화 과정에서 발현되는 '설포라판'이라는 물질 때문이다. 양배추, 브로콜리, 콜리플라워로 '글루코시놀레이트'를 섭취하면 소화 과정에서 분해되어 '설포라판(Sulforaphane, 이소시아네이트의 일종)'이 되는데, 이 '설포라판'으로 인해 헬리코박터 파이로리를 억제하고 염증 유발인자의 활성을 막을 수 있는 것이다. 즉 염증 반응으로부터 장기를 보호해 위염과 장염을 치료하고, 위암과 대장암 발생을 낮춘다. 무엇보다 '설포라판'은 암으로 발전되는 세포를 죽이거나 암세포 증식을 억제한다.

따라서 양배추, 브로콜리, 콜리플라워는 매일 먹어야 할 '무결점 채소'임에 틀림없다. 다만 많은 전문가들은 십자화과 채소의 1회 섭취량에 유의해야 한다고 권고한다. 한꺼번에 많은 양을 다량 섭취 시 배에 가스가 차는 등 복통을 유발할 수 있으므로 적절한 양을 매일 꾸준하게 섭취하는 것이 가장 좋은 방법이다.

▶ 양배추, 브로콜리, 콜리플라워의 섭취량은 파트 1의 '무결점 채소+과일 샐러드 식판식'의 1회 섭취 적정량을 참고한다.

▶ 양배추, 브로콜리, 콜리플라워 조리 시 주의점 : 글루코시놀레이트, 즉 설포라판은 뜨거운 온도와 물에 취약하다. 따라서 끓는 물에 3분 이상 데치거나 익힌 후 물에 2분 이상 담가두면 제 기능을 발휘하지 못해 강력한 항암 물질이 손실된다. 씻을 때도 오랜 시간 물속에 담가두지 않는 것이 좋다.

▶ 브로콜리, 콜리플라워 손질법 :
   ① 자르기 전에 흐르는 물로 꽃 부분을 살살 문지르면서 먼지 등의 불순물을 빠르게 씻는다.
   ② 물기를 털어내고 큰 줄기에서 작은 송이의 밑동을 가위 또는 칼로 하나씩 자른다.
   ③ 개별 송이를 먹기 좋은 크기로 자른 후 1~2회 정도만 헹군다.

▶ 브로콜리, 콜리플라워 조리법 :
   ① 손질한 브로콜리는 찜기 등을 이용해 2분 30초 이내, 콜리플라워는 1분 이내 또는 30초 정도 찐다.
   ② 찐 브로콜리와 콜리플라워는 찬물을 살짝 끼얹어 뜨거운 열만 식힌다.
   ③ 일회용 비닐 봉투에 1회분(최대 100g)씩 소분해 담아 냉장 또는 냉동 보관한다.

▶ 브로콜리, 콜리플라워 구매법 : 브로콜리와 콜리플라워는 열과 수분에 약하므로 가급적 유기농 또는 무농약 제품으로 깨끗하고 신선한 상태를 확인한 후 구매하는 것이 조리 시 편리하다. 특히 콜리플라워는 비타민 C가 매우 풍부한 채소이므로 생으로 먹는 것이 가장 좋다. 따라서 생으로 먹을 수 있을 정도의 제품을 고르는 것이 가장 안전하다.

뱃살을 줄이는 한 끼
'샐러드 식판식' 1개월 식단 작성법

● 샐러드 식판식 1주차

점심 : 초이스 2의 '식물성 단백질 112 샐러드 식판식' 중 원하는 메뉴 선택

저녁 : 초이스 3의 '샐러드밀' 중 원하는 메뉴 선택

● 샐러드 식판식 2주차

점심 : 초이스 1의 '무결점 채소＋과일 샐러드 식판식'

저녁 : 초이스 3과 5의 메뉴 중 자유롭게 선택
　　　초이스 5의 쌈밥과 김밥 메뉴 또는 초이스 10의 타불레 메뉴 추천

● 샐러드 식판식 3주차

점심 : 초이스 1·2·4의 메뉴 중 자유롭게 선택

저녁 : 초이스 3과 5의 메뉴 중 자유롭게 선택
　　　파트 3의 한 끼 샐러드 레시피 활용 가능

● 샐러드 식판식 4주차

점심 : 초이스 1·2·4·5의 메뉴 중 자유롭게 선택

저녁 : 초이스 3·5의 메뉴 선택
　　　파트 3과 4의 전 메뉴 중 자유롭게 선택 및 활용 가능

● 식단 작성 팁

❶ 먼저 주차별 권장 메뉴를 참고해 나만의 식판식 식단을 선택한다.

❷ 점심과 저녁 식사 중 개인의 상황에 따라 하루 한 끼를 결정한다.

❸ 2주차에는 강도 높은 식이조절을 위해 초이스 1의 메뉴를 5일간 실행한다.

❹ 각 요일 칸에 선정한 메뉴를 하나씩 기록해 4주 식판식 식단을 완성한다.

❺ 절취선에 따라 식단표(이 책 본문 맨 뒤)를 자르고 냉장고 앞에 부착한다.

집중 체중조절
2주 추천 식단표

샐러드 식판식 집중 체중조절 2주 추천 식단표

1h 30min
수분
보충

아침	점심	간식	저녁	1주차(5일)
8h	12h	4h	7h	
콜리플라워 (또는 양배추) 사과 주스 1잔	무결점 채소 샐러드 식판식 (파트2의 챕터1 중 선택)	딸기 5알 (100g 이내)	쌈밥 또는 비빔밥	120ml 8잔 이상 Water
수면시간 포함 공복시간 12시간 유지 | 1시간 30분마다 수분 보충				
1주차 5일간은 외식 및 유제품과 동물성 단백질 섭취 제한				

아침	점심	간식	저녁	2주차(5일)
8h	12h	4h	7h	
콜리플라워 (또는 양배추) 사과 주스 1잔	샐러드 식판식 (파트2 중 자유롭게 선택)	딸기 5알 (100g 이내)	쌈밥 또는 비빔밥	120ml 8잔 이상 Water
수면시간 포함 공복시간 12시간 유지 | 1시간 30분마다 수분 보충				
2주차 5일간은 달걀 1개 2회, 동물성 단백질 80g 1회 이상 섭취 제한				

- 식사는 되도록 바꾸지 않고 정한 시간에 먹는다.
- 공복 상태를 매일 활용하려면 저녁 식사 후 다음날 아침 식사 전까지 12시간을 유지하고, 식사와 식사 사이는 4~5시간 정도가 적합하다.
- 수면 상태가 아니라면 공복 중에는 충분히 수분을 섭취해야 한다.
- 주스를 아침 식사로 선택할 경우에는 씹는 형태가 좋다. 이때 콜리플라워(양배추)+사과+생수 또는 셀러리+사과+양배추+생수의 조합을 추천한다.

당뇨병, 고혈압 등 기저질환을 갖고 있는 사람은 의료진과 상의 후 진행합니다.

FMD · 시간제한 · 간헐적 단식에 적용한
샐러드 식판식 식단표

FMD 및 시간제한 식단에 적용한 샐러드 식판식 활용 식단표

아침	점심	간식	저녁	FMD(5일)
	12h	4h	7h	
X	무결점 채소 샐러드 식판식 (파트2의 챕터1 중 선택)	견과류 또는 씨앗류 (25g 이내)	쌈밥 비빔밥 타불레 택일	

수면시간 포함 공복시간 16시간 유지 | 첫날 1100kcal 4일 800kcal

유제품, 동물성 단백질, 달걀 섭취 배제 | 불포화지방산 집중

1h 30min
수분
보충

12h
8시간
식사
16시간
공복
20h
16:8

간헐적 단식에 적용한 샐러드 식판식 활용 식단표

아침	점심	간식	저녁	5일
8h	12h	4h	7h	
콜리플라워 (또는 양배추) 사과 주스 1잔	샐러드 식판식 (파트2 중 자유롭게 선택)	견과류 또는 씨앗류 (25g 이내)	쌈밥 비빔밥 타불레 택일	120ml 8잔 이상 Water

1h 30min
수분
보충

수면시간 포함 공복시간 12시간 유지 | 1시간 30분마다 수분 보충

7일 중 5일은 식물성 단백질을 포함한 채소와 과일 위주의 3식

아침	점심	간식	저녁	2일(1식)
			7h	
X	X	X	전체 메뉴 중 자유롭게 택일	120ml 8잔 이상 Water

7일 중 2일만(화, 금) 1일 1식 | 1시간 30분마다 수분 보충

7일 중 2일은 유제품, 달걀, 동물성 단백질 등 자유롭게 포함

체중 관리에서 안정적인 혈당 관리는 가장 중요한 요소이다. 초이스 1의 샐러드 식판식은 안정적인 혈당 관리를 위해 과일과 곡물의 양을 조절할 수 있는 식단이다. 밥과 과일의 과다 섭취를 방지하며, 평소 과일과 채소를 꾸준히 챙겨 먹지 않는 사람에게는 매일 적정량을 먹을 수 있도록 유도한다.

❶ 적정량의 과일 1회분 섭취
❷ 이전보다 줄어든 밥의 섭취량으로 소식하는 습관 정착
❸ 무결점 채소로 건강지수 향상 및 대사성 질환 예방
❹ 필수지방과 항산화 식품을 꾸준히 섭취
❺ 나트륨 과다 섭취 예방

이 식단의 핵심은 바로 과일을 반찬으로 먹는 것이다. 만일 밥을 먹은 후 연이어 후식으로 과일을 먹는다면 당 섭취량은 자신이 인지하지 못하는 사이에 필요 이상으로 과다해질 것이다. 따라서 이 식단으로 과일 먹는 습관을 교정할 수 있다.

지금까지 몸속에 저장된 체지방을 에너지로 사용하기 위해 이 조합의 식단을 점심 식사로 추천한다. 비만은 염증을 야기하고, 몸속에 염증이 증가하면 각종 질환에 노출되기 쉽다. 특히 뱃살이 두둑해진 몸은 염증으로부터 자유로울 수 없다. 이럴 때 채소와 과일에 풍부하게 들어 있는 심이섬유소와 항산화 성분을 꾸준히 섭취하면 뱃살을 줄이고 몸속 염증을 효과적으로 다스릴 수 있다. 즉, 염증을 다스리려면 뱃살과 초과된 체중을 줄이는 것이 급선무이고, 그 해법은 다양한 색의 채소와 과일 섭취에 있음을 기억해야 할 것이다.

마지막으로 무결점 채소를 꾸준히 먹을 수 있는 식단이다. 양배추, 브로콜리, 콜리플라워 등 십자화과 채소는 대표적인 항산화 식품으로 몸속 염증을 줄이며, 특히 위 건강에 도움을 준다.

따라서 초이스 1의 샐러드 식판식을 정기적으로 실천하면 안정적인 혈당 관리를 통해 건강한 몸을 유지하면서 효과적인 체중 관리를 꾀할 수 있다. 또 젓가락을 사용해 천천히 먹는 습관과 정해진 양의 밥을 소식하는 습관을 들일 수 있다. 무엇보다 지금까지 얼마나 자극적인 양념이 들어간 음식을 먹었는지 실감하게 될 것이다.

Choice 1

매일 먹을 수 있는
무결점 채소 + 과일
샐러드 식판식

혈당 관리는 뱃살을 줄이는 열쇠다.
무조건 탄수화물 음식을 배제하면 뺀 살이 다시 찌고
체중 관리가 쉽지 않게 된다.
비결은 탄수화물 음식의 식이섬유소를 잘 활용하는 것이다.

재료에 표기된 과일의 무게는 껍질 등을 벗겨 손질한 과육의 무게이다.
무결점 채소 + 과일 식판식 ⇒ 2주차 5일간 점심 및 1·3·4주 점심 교차 적용 권장

Low
GL

위암
예방

대장
건강

항산화
항염증

눈
건강

두뇌
건강

에너지
대사

① 기장밥 80g(밥숟가락으로 소복하게 3큰술)
② 장마 40g
③ 콜리플라워 + 호박씨 · 블루베리 샐러드 156g

마, 콜리플라워 + 호박씨 · 블루베리 샐러드

- [ ] 콜리플라워 70g
- [ ] 블루베리 50g
- [ ] 어린 케일 20g
- [ ] 호박씨 1작은술
- [ ] 해바라기씨 1작은술
- [ ] 올리브오일 1작은술
- [ ] 소금 0.7g
- [ ] 후추 약간(생략 가능 · 허브 추가 및 대체 가능)
- [ ] 장마 40g

RECIPE

1 콜리플라워는 흐르는 물로 깨끗하게 씻어 먹기 좋게 자른다.

2 블루베리와 어린 케일도 씻어 물기를 제거한다.

3 마는 껍질을 벗겨 흐르는 물로 가볍게 씻은 후 4~5개로 얇게 썬다.

4 볼에 콜리플라워, 블루베리, 어린 케일을 담고 올리브오일, 소금, 후추를 추가해 버무린다.

5 식판에 밥과 마, 샐러드를 담고 호박씨와 해바라기씨를 샐러드 위에 뿌린다.

COOKING TIP

• 콜리플라워는 생으로 먹거나 내열 용기에 담아 전자레인지에서 1분 이내로 살짝 익힌다.

• 마는 먼저 겉면의 흙을 흐르는 물로 씻은 후 껍질을 벗긴다. 그런 다음 미끈거리는 표면을 흐르는 물로 씻은 후 먹기 좋게 자른다. 보관할 때는 10㎝ 정도의 두께로 한 덩이씩 잘라 밀봉한 후 냉장 보관한다.

① 흑미 기장밥 80g(밥숟가락으로 소복하게 3큰술)
② 귤(또는 오렌지) 80g
③ 브로콜리 + 아보카도 샐러드 205g

귤, 브로콜리 + 아보카도 샐러드

☐ 브로콜리 50g
☐ 아보카도 1/2개(70g)
☐ 장마 50g
☐ 청상추(크리스피 그린) 20g(2~3장)
☐ 올리브오일 1큰술
☐ 소금 1g
☐ 후추 약간(생략 가능 · 허브 추가 및 대체 가능)
☐ 귤 80g

RECIPE

1 브로콜리는 흐르는 물로 꽃 표면을 손으로 문지르면서 씻은 후 2회 더 헹군 후 물기를 제거한다.

2 씻은 브로콜리는 먹기 좋게 잘라 내열 용기에 담은 후 전자레인지에서 2분 30초간 찐다. 찐 브로콜리는 찬물로 뜨거운 기운만 제거하고 체에 담아 물기를 뺀다.

3 청상추는 깨끗하게 씻은 후 물기를 제거하고 한입 크기로 자른다.

4 귤, 아보카도, 마는 껍질을 벗긴다. 귤은 반을 자르고, 아보카도는 먹기 좋게 조각을 내고, 마는 모양대로(5등분) 썬다.

5 볼에 찐 브로콜리, 청상추, 아보카도, 마를 담고 양념을 분량대로 추가해 버무린다.

6 식판에 밥과 귤, 샐러드를 담는다.

COOKING TIP

레시피에 사용한 청상추는 '크리스피 그린' 이다. 곱슬곱슬한 모양의 잎이 특징이며, 아삭아삭하면서 시원하고 담백한 식감 때문에 생으로 먹는 쌈과 샐러드에 적합하다.

Low
GL

암
예방

항산화
항노화

두뇌
건강

면역력
향상

Low
GL

위암
예방

대장
건강

항노화
항염증

① 기장밥 80g(밥숟가락으로 소복하게 3큰술)
② 아보카도 50g
③ 콜리플라워 + 양상추 샐러드 166g

아보카도, 콜리플라워 + 양상추 샐러드

☐ 콜리플라워 80g
☐ 양상추 50g
☐ 적근대 20g(2~3장)
☐ 올리브오일 1큰술
☐ 소금 1g
☐ 후추 약간(생략 가능 · 허브 추가 및 대체 가능)
☐ 아보카도 50g

RECIPE

1 씻은 콜리플라워는 먹기 좋게 자르고, 내열 용기에 담아 전자레인지에서 1분간 찐다. 찐 콜리플라워는 찬물로 뜨거운 기운만 제거하고 체에 담아 물기를 뺀다.

2 양상추와 적근대는 한입 크기로 자른 후 식초를 떨어뜨린 물에 1분간 담가둔다. 2회 정도 더 헹군 후 물기를 제거한다.

3 껍질을 벗긴 아보카도는 먹기 좋게 자른다.

4 볼에 콜리플라워, 양상추, 적근대를 담고 올리브오일, 소금, 후추를 추가해 버무린다.

5 식판에 밥과 아보카도, 샐러드를 담는다.

COOKING TIP

• 잎이 넓은 채소의 경우 식초를 희석한 물에 1분 정도 담가두면 살균 및 농약 등의 불순물을 어느 정도 제거할 수 있다.

• 아보카도에 소금과 후추를 약간 뿌리면 반찬으로 먹기에 좋다.

① 흑미 기장밥 80g(밥숟가락으로 소복하게 3큰술)
② 장마 30g
③ 콜리플라워 + 귤 · 블루베리 샐러드 266g

마, 콜리플라워 + 귤 · 블루베리 샐러드

☐ 콜리플라워 80g
☐ 귤 50g
☐ 블루베리 70g
☐ 청겨자 30g(2~3장)
☐ 청상추 20g(3장)
☐ 올리브오일 1큰술
☐ 소금 1.2g
☐ 후추 약간(생략 가능 · 허브 추가 및 대체 가능)
☐ 장마 30g

RECIPE

1 씻은 콜리플라워는 먹기 좋게 자른 후 내열 용기에 담아 전자레인지에서 1분 이내로 찐다. 찐 콜리플라워는 찬물로 뜨거운 기운만 제거하고 체에 담아 물기를 뺀다.

2 청겨자와 청상추는 깨끗하게 씻은 후 물기를 제거하고 2~3㎝ 너비로 자른다.

3 씻은 블루베리는 물기를 제거하고, 껍질 벗긴 귤은 반을 자른다.

4 껍질을 벗긴 마는 흐르는 물로 씻은 후 3등분으로 자른다.

5 볼에 찐 콜리플라워, 자른 청상추와 청겨자, 귤, 블루베리를 담고 양념을 분량대로 추가해 버무린다.

6 식판에 밥과 마, 샐러드를 담는다.

COOKING TIP

크기가 작은 블루베리는 세척하기 은근히 까다롭지만 다음과 같이 씻으면 된다.
우선 세척용 볼에 물을 반 정도 채우고 식초를 한두 방울 떨어뜨린다.
블루베리를 체에 담은 상태로 물을 채운 볼에 담가 손바닥을 이용해 겉면을 살살
굴리면서 씻는다. 그런 다음 2회 더 헹구면 된다.

Low GL · 위암 예방 · 항산화 항노화 · 눈 건강 · 두뇌 건강 · 면역력 향상

Low
GL 위장
건강 대장
건강 항산화
항염증

74

① 흑미 기장밥 80g(밥숟가락으로 소복하게 3큰술)
② 사과 50g
③ 양배추 + 쌈채소 샐러드 152g

사과, 양배추 + 쌈채소 샐러드

- [ ] 양배추 50g
- [ ] 쌈채소 80g : 적근대 2장, 적겨자 2장, 쌈배추 4장, 청상추 2장
- [ ] 참기름 1작은술
- [ ] 들기름 1작은술
- [ ] 참깨 1작은술
- [ ] 간장 1작은술
- [ ] 고춧가루 1/4작은술
- [ ] 사과 50g(중간 크기 1/4개)

RECIPE

1 양배추와 쌈채소는 흐르는 물에 씻은 후 식초를 떨어뜨린 물에 1분간 담가둔다. 2회 정도 더 헹군 후 물기를 제거한다.

2 양배추와 쌈채소는 채를 썬다.

3 껍질을 벗긴 사과는 먹기 좋게 4~5개로 자른다.

4 볼에 채 썬 양배추와 쌈채소를 담고 양념을 분량대로 추가해 버무린다.

5 식판에 밥과 사과, 샐러드를 담는다.

COOKING TIP

간장 대신 소금 1g을 넣어도 좋고, 식초를 추가해도 된다.

Low GL · 암 예방 · 항산화 항노화 · 두뇌 건강 · 면역력 향상

① 흑미 기장밥 80g(밥숟가락으로 소복하게 3큰술)
② 딸기 90g
③ 브로콜리 + 겨자잎 샐러드 196g

딸기, 브로콜리 + 겨자잎 샐러드

☐ 브로콜리 80g
☐ 사과 50g(중간 크기 1/4개)
☐ 겨자잎 50g(청겨자 2장, 적겨자 2장)
☐ 올리브오일 1큰술
☐ 소금 1g
☐ 후추 약간(생략 가능 · 허브 추가 및 대체 가능)
☐ 딸기 90g(크기에 따라 3~6알)

RECIPE

1 씻은 브로콜리는 먹기 좋게 자르고, 내열 용기에 담아 전자레인지에서 2분 30초간 찐다. 찐 브로콜리는 찬물로 뜨거운 기운만 제거하고 체에 담아 물기를 뺀다.

2 겨자잎은 깨끗하게 씻은 후 물기를 제거하고 2~3㎝ 너비로 자른다.

3 씻은 사과는 껍질과 씨를 제거해 과육만 흐르는 물로 헹군 후 1㎝ 두께로 썬다.

4 딸기는 흐르는 물로 겉면을 살살 문지르면서 씻는다. 식초물로 1회, 맑은 물로 1회 더 헹군 후 물기를 제거하고 반으로 가른다.

5 볼에 찐 브로콜리, 겨자잎, 사과를 담고 양념을 분량대로 추가해 버무린다.

6 식판에 밥과 딸기, 샐러드를 담는다.

COOKING TIP

겨자잎은 톡 쏘는 맛이 있어 샐러드에는 크게 자르지 않는 게 좋다. 또 달콤한 사과와 잘 어울리며, 강한 맛의 드레싱보다는 담백한 양념이 잘 어울린다.

Low GL · 암 예방 · 항산화 항염증 · 눈 건강 · 두뇌 건강 · 면역력 향상

① 기장밥 80g(밥숟가락으로 소복하게 3큰술)
② 토마토 50g
③ 양배추 + 키위 · 블루베리 샐러드 277g

토마토, 양배추 + 키위 · 블루베리 샐러드

☐ 양배추 80g
☐ 키위 80g(1개) ☐ 블루베리 70g
☐ 청상추 15g(2장) ☐ 적치커리 15g(4~5줄)
☐ 올리브오일 1큰술 ☐ 소금 1.2g
☐ 후추 약간(생략 가능 · 허브 추가 및 대체 가능)
☐ 토마토 50g(작은 크기 1개)

RECIPE

1 씻은 양배추는 물기를 제거하고 채를 썬다.

2 씻은 청상추와 적치커리는 물기를 털어낸다. 청상추는 2~3㎝ 너비로 자르고
적치커리는 3~4등분으로 자른다.

3 블루베리는 씻은 후 물기를 제거하고, 껍질을 벗긴 키위는 1㎝ 두께로 썬 다음
4등분으로 자른다.

4 깨끗하게 씻은 토마토는 먹기 좋게 자른다. 냄비에 물 2큰술과 소금 한 꼬집(0.3g)을
넣고 바글바글 끓으면 토마토를 넣고 물을 끼얹으며 중불에서 30초 이내로 살짝
익힌다. 익힌 토마토는 식판에 담아 식힌다.

5 볼에 채 썬 양배추, 자른 청상추와 적치커리, 블루베리, 키위를 담고 양념을 분량대로
추가해 버무린다.

6 토마토를 담은 식판에 밥과 버무린 샐러드를 담는다.

COOKING TIP

평소 배에 가스가 잘 차는 사람은 양배추를 살짝 익혀서 먹는 게 좋다. 물 1큰술을 추가해
채 썬 양배추를 중불에서 1분 이내로 살짝 볶은 후 샐러드 버무릴 때 넣으면 된다.

Low GL — 암 예방 — 항산화 항염증 — 눈 건강 — 면역력 향상 — 에너지 대사

① 시금치 김밥(현미 잡곡밥) 80g
② 장마 30g
③ 십자화과 채소 + 사과 · 토마토 샐러드 205g

시금치 김밥,
십자화과 채소 + 사과 · 토마토 샐러드

- [ ] 콜리플라워 35g   - [ ] 브로콜리 35g
- [ ] 청상추 20g(3~4장)
- [ ] 사과 50g   - [ ] 토마토 50g
- [ ] 올리브오일 1큰술   - [ ] 소금 1g   - [ ] 후추 약간
- [ ] 장마 30g

RECIPE

1 씻은 브로콜리와 콜리플라워는 먹기 좋게 자른다. 먼저 브로콜리를 내열 용기에 담아
전자레인지에서 1분 30초간 익힌 후 콜리플라워를 추가해 1분 더 익힌다.
찐 브로콜리와 콜리플라워는 찬물을 끼얹어 뜨거운 기운만 없애고 물기를 제거한다.

2 씻은 청상추는 2~3㎝ 너비로 자른다.

3 껍질 벗긴 사과는 흐르는 물로 가볍게 헹군 후 브로콜리와 비슷한 크기로 자르고,
깨끗하게 씻은 토마토도 조각낸다.

4 껍질 벗긴 마는 흐르는 물로 씻은 후 3등분으로 자른다.

5 볼에 찐 브로콜리와 콜리플라워, 자른 청상추, 토마토, 사과를 담고 양념을 분량대로
추가해 버무린다.

6 식판에 시금치 김밥과 마, 샐러드를 담는다.

COOKING TIP

- 시금치 김밥은 현미 잡곡밥에 시금치나물을 넣고 만 김밥이다. 김밥 1줄에 들어가는 밥
양은 120g이며, 시금치나물은 40g이다.

- 갓 지은 밥에 아보카도오일 1작은술을 추가하면 저항성 전분 효과를 얻을 수 있다.

Low GL · 암 예방 · 위장 건강 · 대장 건강 · 항산화 항염증

① 기장밥 80g(밥숟가락으로 소복하게 3큰술)
② 토마토 1개
③ 양배추 샐러드 100g

고기를 곁들인 식사에는 토마토와 양배추 샐러드 반찬

☐ 채 썬 생양배추 80~100g
☐ 들기름 1.5작은술
☐ 참기름 1.5작은술
☐ 참깨 1작은술
☐ 소금 1g
☐ 사과식초 2작은술(생략 가능)
☐ 토마토 1개(중간 크기)   ☐ 와사비 약간   ☐ 소금 약간

RECIPE

1 씻은 양배추는 곱게 채를 썬다. 찬물에 채 썬 양배추를 1회 헹궈 물기를 뺀다.

2 깨끗하게 씻은 토마토는 먹기 좋게 자른다.

3 볼에 채 썬 생양배추와 양념을 분량대로 넣고 버무린다.

4 식판에 밥과 토마토, 양배추 샐러드를 담는다.

5 토마토 위에 소금을 약간 뿌리고 와사비를 조금씩 올린다. 기호에 따라 허브가루나 올리브오일을 추가해도 좋다.

COOKING TIP

다음과 같이 양배추를 손질하면 4~5일까지는 색이 변하지 않고 먹는 동안 충분히 아삭아삭하다.

❶ 양배추를 양배추 채칼 등으로 곱게 채를 썬다.
❷ 채 썬 양배추는 찬물로 1~2회 헹군다. 이때 물에 너무 오래 담가두지 않는다.
❸ 물기가 약간 촉촉한 상태로 일회용 비닐 봉투에 소분해서 담은 후 냉장 보관한다.

체중 관리에서 혈당 균형 못지않게 중요한 요소는 감정 균형이다. 초이스 2의 식단은 안정적인 감정 균형을 위해 식물성 단백질 식품을 섭취하게 한다. 즉 감정 균형을 관리해 스트레스로부터 비롯된 과식과 폭식 등의 식이장애를 예방할 수 있다. 또 평소 동물성 단백질 식품에만 집중한 사람에게는 이 식단을 실천함으로써 정기적으로 적정량의 식물성 단백질 식품을 먹을 수 있도록 유도한다.

❶ 적정량의 식물성 단백질 1회분 섭취
❷ 식물성 단백질 식품의 섭취로 감정 균형 관리
❸ 식물성 단백질 식품의 섭취로 스트레스와 수면 관리
❹ 다양한 종류의 단백질 식품 섭취
❺ 동물성 단백질 식품의 과다 섭취 예방

흔히 체중 감량을 시도하는 사람들은 '근육' 강화를 위해 단백질 섭취를 중요하게 생각한다. 심지어 일부 전문가들도 그렇게 말하곤 한다. 이는 단백질을 두고 근육을 구성하는 물질로만 이해하거나 단백질 부족을 체지방 축적의 원인으로 생각하기 때문이다. 이러한 생각은 오히려 단백질 식품만 먹으려는 잘못된 식습관을 갖게 한다. 이렇게 되면 자신의 신체 활동량과 운동량을 살피지 않고 닭고기, 소고기 등 육류와 단백질 파우더 등 동물성 단백질 식품만을 편향적으로 섭취하게 만들 뿐이다.

사실 단백질은 우리 몸에서 여러 형태로 다양한 기능을 수행하는 중요한 영양소이다. 세균과 바이러스를 이겨내는 면역 항체, 피부의 탄력을 유지하는 콜라겐, 혈액을 통해 산소를 운반하는 적혈구의 혈색소를 비롯해 신경전달물질, 호르몬과 효소, 두뇌 연료 등을 생성하고 부족해진 탄수화물 대신 에너지를 사용하는 데에도 관여한다. 그중에서도 단백질이 두뇌의 화학적 메신저인 '신경전달물질'을 만든다는 점과 양질의 단백질, 즉 식물성 단백질 식품을 통해 얻는 아미노산의 공급이 우리의 감정과 스트레스, 수면에 좋은 영향을 미친다는 사실에 주목할 필요가 있다.

특히 성장기 아이들은 신체 발달을 위해 단백질을 근본적인 영양 공급원으로 선택하는 것이 당연하다. 하지만 보통의 성인과 체중을 조절해야 하는 사람은 단백질 섭취량에 주의해야 하며, 한쪽으로 쏠리지 않고 다양한 종류의 음식을 통해 단백질을 섭취해야 한다. 그중 식물성 단백질은 혈당 균형과 감정 균형을 지원하는 데 있어 결정적인 역할을 한다. 따라서 채식주의자가 아니어도 식물성 단백질 식품의 섭취 비율을 늘리고 동물성 단백질 식품의 섭취 비율을 줄여야 한다. 만일 지금까지 근육 강화를 이유로 단백질 식품, 특히 동물성 단백질 식품만 고집했다면 앞으로는 감정 균형을 위해 식물성 단백질 식품에 주목해야 할 것이다.

Choice 2
식물성 단백질 112
샐러드 식판식

감정 균형은 단백질 식품의 올바른 식이 습관에 의해 좌우된다.
건강을 위해 뱃살을 줄이고 체중을 조절해야 한다면 식물성 단백질 식품을 통해
얻는 아미노산이 얼마나 중요한가를 먼저 고려해야 할 것이다.

채소와 과일을 섭취하는 샐러드 식단에 식물성 단백질인 콩류를 더한 112 식판식이다.
식물성 단백질 112 샐러드 식판식 ⇒ 1주차 5일간 점심 단독 및 3 · 4주 교차 적용 권장

단백질 식품을 까다롭게 섭취해야 하는 이유

인간의 몸은 약 25%의 단백질로 구성되어 있는데, 단백질(Protein)은 살아 있는 생명체,
즉 모든 세포를 구성하는 기본 물질이다. 우리가 단백질 식품을 먹어야 하는 이유는 이를 통해
세포의 원료가 되는 아미노산을 섭취하기 위해서다.

단백질은 우리에게 생명의 구성 단위체인 아미노산(Amino Acids)을 공급하는
데, 단백질은 여러 개의 펩티드(Peptide)로 구성되어 있고 펩티드는 아미노산
들로 구성된다. 즉 단백질이 풍부한 식품을 먹으면 먼저 소화기관은 단백질을
아미노산으로 분해하고, 아미노산을 서로 다른 배열로 연결해 인체는 새로운
근육, 조직, 세포, 호르몬, 효소, 그리고 뇌의 화학적 메신저인 '신경전달물질
(Neurotransmitter)'을 만들게 된다.

우리는 먼저 아미노산이 생성하는 신경전달물질이 실제로 무엇을 하는지 탐
구할 필요가 있다. 뇌와 몸에는 수천 가지의 서로 다른 신경전달물질이 있지
만, 그중 아주 중요한 신경전달물질은 다음의 5가지 유형으로 나눌 수 있다.

▶ 아드레날린(Adrenalin), 노르아드레날린(Noradrenalin) 그리고 도파민(Dopamine) 등은
우리를 자극하고 동기를 부여하며, 스트레스의 처리를 도움으로써 기분을 좋게 만
든다.

▶ 가바(GABA)는 정신적 긴장을 풀어주고 스트레스와 자극을 주는 신경전달물질을 중
화함으로써 흥분을 가라앉힌다.

▶ 세로토닌(Serotonin)은 기분을 개선시키고 우울함을 없애줌으로써 행복감을 느끼도
록 해준다.

▶ 아세틸콜린(Acetylcholine)은 기억력을 개선시키고 정신적으로 깨어 있게 함으로써
우리의 머리를 날카롭게 유지시켜 준다.

▶ 트립타민(Tryptamin)은 밤낮, 계절과 조화를 이루도록 우리 몸의 생체 리듬과 수면
주기를 조절하는 멜라토닌(Melatonin)과 연결된다.

▶ 다음의 질문에 대답함으로써 아미노산 섭취 정도를 점검하자. 이 질문들에서 5개 이상의 항목에 '네'라는 대답을 한다면, 현재 아미노산을 충분히 섭취하고 있지 않을 가능성이 높다. 또 동물성 단백질 식품의 섭취가 과다할 수 있다.

아미노산 섭취 점검 ☑

☐ 매일 브로콜리, 콜리플라워, 콩, 두부, 씨앗류, 견과류, 곡물 등 식물성 단백질 식품을 1인분 이하로 먹는가?

☐ 매일 육류, 유제품, 생선, 달걀과 같은 동물성 단백질 식품을 1인분 이상 먹는가?

☐ 만일 식단이 채식 위주라면 쌀과 콩의 조합처럼 양질의 단백질 식품을 추가하지 않는가?

☐ 소고기, 닭고기, 돼지고기 등 육류를 통해서만 단백질을 섭취하는가?

☐ 육체적인 활동을 많이 하는가?

☐ 걱정, 우울감이 있거나 화를 잘 내는가?

☐ 자주 피곤해하거나 열의가 부족한 것처럼 보이는가?

☐ 때때로 집중력을 잃어버리거나 기억력이 떨어지지 않는가?

☐ 머리카락, 손톱, 발톱이 느리게 자라는가?

☐ 계속해서 배고픔을 느끼는가?

☐ 자주 소화불량에 걸리는가?

▶ '예'라고 체크한 항목이 몇 개인가?　　　　合산 개수 :

　　운동 후 우리에게 행복감을 주는 엔돌핀처럼 뇌에 있는 수많은 물질들은 신경전달물질과 유사한 역할을 수행한다. 주요한 5가지 유형의 신경전달물질들은 기분과 기억력, 맑은 정신 등의 활성화에 영향을 미친다. 예를 들어 세로토닌이 올라가면 행복감을 느끼기 쉽고, 도파민과 아드레날린이 내려가면 의기소침해지고 피곤을 느끼게 된다. 따라서 최상의 감정 균형을 통한 건강한 정신 상태를 유지하려면 핵심 신경전달물질의 균형을 유지하는 것이 필요하다.

그 중심에 음식으로 섭취하는 여러 가지 종류의 단백질 식품이 있는데, 이는 아미노산이 신경전달물질에 직접적으로 영향을 미치기 때문이다.

아미노산은 이처럼 중요한 일을 수행하면서도 부작용이 거의 없다. 그 이유는 이러한 물질들이 뇌의 일부분이며 우리 몸의 자연적인 구조와 부합하기 때문이다. 따라서 감정 균형을 위해서는 적절한 균형의 아미노산 섭취가 가능한 단백질 식품으로 식사를 해야 한다. 이는 매일 충분한 양의 단백질을 섭취하는 것보다 어떤 식품으로 단백질을 보충하는지가 더 중요하다는 것을 의미한다.

정리하면 단백질 공급원이 어떤 식품인지가 가장 중요하다. 적당한 양의 단백질을 섭취해도 공급원이 주로 동물성 단백질 식품이라면 문제가 된다는 의미다. 또한 바람직한 혈당 균형과 감정 균형을 유지하기 위해서는 필요한 단백질 식품을 섭취할 때 개인에게 맞는 적정량을 고려하지 않으면 안 된다.

단백질의 질(Quality)은 아미노산의 균형에 의해 결정된다. 우리 몸이 신경전달물질이나 근육 세포를 만들기 위해 사용할 수 있는 아미노산의 종류는 23개이다. 그중 필수아미노산은 발린(Valine), 류신(Leucine), 이소류신(Isoleucine), 메티오닌(Methionine), 트레오닌(Threonine), 라이신(Lysine), 페닐알라닌(Phenylalanine), 트립토판(Tryptophan) 등 8개다.

그 외에 히스티딘(Histidine)과 아르기닌(Arginine)은 성인과 영유아에 따라 필수아미노산 또는 비필수아미노산으로 분류된다. 먼저 히스티딘의 경우 영유아에게는 필수아미노산이지만, 성인의 경우 과거 비필수아미노산으로 인식되었다. 최근 성인에게도 히스티딘을 필수아미노산으로 취급해야 한다는 일부 의견이 있지만, 아직까지 이에 대한 논란은 여전히 진행 중이다.

또 아르기닌의 경우 성인에게는 비필수아미노산이지만, 유아에게는 필수아미노산으로 분류된다. 유아가 아르기닌을 체내에서 합성할 수 없는 것은 아니지만, 아이들은 소비량에 비해 체내에서 합성할 수 있는 양이 부족하기 때문에 반드시 따로 섭취해야 한다는 의미다.

이와 같이 8개의 필수아미노산은 우리 몸에서 합성할 수 없으므로 반드시 음식을 통해 섭취해야만 한다. 23개의 아미노산 중 나머지 15종의 아미노산은 식사를 통해 충분히 얻지 못할 경우 8개의 필수아미노산으로부터 체내에서 만들어낼 수 있다.

결국 체내 아미노산의 균형을 이루고 단백질의 질을 결정하는 데 중요한 이 8개의 아미노산을 섭취하기 위해 어떤 종류의 단백질 식품을 선택할지 주의를 기울여야 한다. 다만 이때 소비량에 비해 섭취량이 많은 것은 경계해야 한다. 아미노산 균형이 좋은 단백질일수록 우리 몸은 섭취한 단백질을 더 많이 사용할 수 있다. 이것을 '순단백질 활용성(Net Protein Usability, NPU)'이라고 하는데, 다음의 표는 NPU 또는 단백질의 질이라는 측면에서 상위 24개의 식품과 식품의 조합을 나타낸 것이다.

● 단백질 함유량이 높은 식품 24 ●

※ 단백질의 함유량(NPU) 평가 : 우수 → ★★★★★ 적당 → ★★★★☆

식품	단백질의 칼로리 백분률	단백질 20g을 제공하는 양	NPU 평가
곡물과 두부류			
퀴노아	16	100g	★★★★★
두부	40	275g	★★★★☆
옥수수	4	500g	★★★★☆
귀리	5	400g	★★★★★
병아리콩	22	115g	★★★★☆
렌틸콩	28	85g	★★★★☆
생선과 육류			
참치(통조림)	61	85g	★★★★★
대구	60	35g	★★★★★
연어	50	100g	★★★★★
정어리	49	100g	★★★★★
닭고기	63	75g	★★★★★
견과류와 씨앗류			
해바라기씨	15	185g	★★★★☆

호박씨	21	75g	★★★★☆
캐슈넛	12	115g	★★★★☆
아몬드	13	115g	★★★★☆
달걀과 유제품			
달걀	34	115g	★★★★★
발효 요구르트	22	450g	★★★★★
유기농 치즈	49	125g	★★★★★
채소			
완두콩	26	250g	★★★★☆
기타 콩류	20	200g	★★★★☆
브로콜리	50	40g	★★★★☆
시금치	49	40g	★★★★☆
잡곡밥			
렌틸콩과 쌀	18	125g	★★★★★
콩과 쌀	15	125g	★★★★★

예를 들어 콩은 아미노산이 풍부하므로 밥을 지을 때 콩을 섞으면 단백질의 질을 높일 수 있다. 표의 내용을 참고하면 단백질 섭취에 도움을 받을 수 있다.

그렇다면 하루 단백질 필요 섭취량은 어느 정도일까? 단백질 부족을 염려해 매끼 닭가슴살만 200g씩 먹는 것은 어리석은 행동이다. 단백질의 섭취량은 반드시 자신의 활동량과 운동량을 근거로 정해야 하고, 아미노산의 균형이 조화로운 식품을 섭취해야 하기 때문이다. 그래야 우리 몸이 섭취한 단백질을 더 많이 사용할 수 있다. 따라서 단백질 식품을 섭취할 때는 다양한 종류의 식품으로 골고루 적정량을 섭취하는 것이 가장 중요하다.

단백질을 균형 있게 보충하는 비결은 동물성 단백질 식품에만 치우친 지금의 식단에 곡물과 콩, 씨앗류와 견과류 등 땅에 심으면 자랄 수 있는 식품을 추가하는 것이다. 또 채소 중 상대적으로 단백질이 풍부한 브로콜리나 콜리플라워와 같은 십자화과 채소를 포함하는 것이다.

다만 무조건 많은 것이 항상 더 좋은 것을 의미하지는 않는다. 이는 지나치게 많은 단백질의 섭취를 경계해야 한다는 뜻이다. 개인마다 생활 패턴과 운동 수준에 따라 적절한 단백질 필요량이 다르지만, 하루에 85g 이상 섭취하는 것은 자칫 건강에 부정적인 결과를 초래할 수 있다. 그것은 단백질의 소화 과정에서 드러나는 문제 때문이다.

단백질의 화학물질 분해 산물인 암모니아는 독성을 지니고 있다. 그로 인해 몸에서 이를 제거하는 과정에서 신장이 스트레스를 받을 수 있다. 또 아미노산을 너무 많이 섭취하면 우리 몸은 뼈로부터 칼슘을 빼냄으로써 중화작용을 시도한다. 이는 혈액 속에 산이 급속히 증가함을 의미한다. 실제로 동물성 단백질이 지나치게 많은 식사가 신장질환과 골다공증 등을 일으킨다는 연구 결과는 많다.

반대로 단백질이 부족한 식사도 경계해야 한다. 단백질이 극단적으로 부족하면 팔다리는 앙상해지고 배는 볼록해진다. 또 아미노산이 부족해지면 세상에 대한 무관심이나 동기 부족, 불안과 초조, 우울증, 기억력과 집중력 감퇴 등을 일으킬 수 있다.

결국 식단을 짤 때 무엇보다 중요한 것은 '균형'이다. 뱃살과 체중 감량을 시도할 때 혈당 균형 못지않게 감정 균형도 중요하며, '감정 균형'을 위해서는 단백질 식품의 올바른 섭취가 이뤄져야만 한다.

감정의 균형을 위해 식물성 단백질을 섭취하라

❶ 단백질 식품을 통해 필수아미노산을 보충한다.
❷ 단백질 식품의 먹는 양에 주의한다.
❸ 한 종류의 단백질 식품 대신 다양한 종류를 섭취한다.
❹ 식물성 단백질 식품의 섭취를 늘린다.
❺ 동물성 단백질 식품의 과도한 섭취를 경계한다.

Low GL · 암 예방 · 항산화 항노화 · 두뇌 건강 · 에너지 대사

① 기장밥 80g
② 찐 렌틸콩 50g
③ 샐러드 260g

찐 렌틸콩 샐러드 112 식판식

☐ 콜리플라워 30g   ☐ 브로콜리 30g   ☐ 마 30g
☐ 오이 30g   ☐ 미니 파프리카 20g   ☐ 어린 시금치 20g
☐ 사과 40g   ☐ 키위 40g(1/2개)   ☐ 파슬리가루 1g
☐ 올리브오일 1큰술   ☐ 소금 1g   ☐ 후추 약간
☐ 찐 렌틸콩 40g   ☐ 들기름 1작은술   ☐ 양조간장 1작은술

RECIPE

1 씻은 렌틸콩을 2시간 불린 후 내열 용기에 담아 전자레인지에서 3분간 찐다. 찐 렌틸콩에 들기름 1작은술, 양조간장 1작은술을 넣고 섞는다.

2 모든 채소는 깨끗하게 씻어 물기를 제거한다.

3 브로콜리와 콜리플라워는 먹기 좋게 자른다. 먼저 브로콜리를 내열 용기에 담아 전자레인지에서 1분 30초간 익힌 후 콜리플라워를 추가해 1분 더 익힌다. 찐 브로콜리와 콜리플라워는 찬물을 끼얹어 뜨거운 기운만 없애고 물기를 제거한다.

4 껍질을 벗긴 마와 오이는 모양대로 동글하게 썰고, 미니 파프리카는 모양대로 얇게 썬다.

5 껍질을 벗긴 키위는 길쭉하게 썰고, 사과는 납작하게 썬다.

6 볼에 준비한 채소와 물기 뺀 어린 시금치, 키위, 사과를 담고, 올리브오일, 소금, 후추를 넣고 버무린다.

7 식판에 준비한 밥과 렌틸콩, 샐러드를 담고 먹을 때 샐러드 위에 렌틸콩을 조금씩 뿌려서 먹는다.

COOKING TIP

렌틸콩은 들기름과 간장 대신 올리브오일과 소금, 발사믹 식초로 버무려도 좋다.

Low
GL

항산화
항노화

두뇌
건강

에너지
대사

① 기장밥 80g
② 두부 지짐 90g
③ 샐러드 225g

무화과 샐러드 + 두부 지짐 112 식판식

☐ 무화과 110g(2개)
☐ 양배추 50g
☐ 잎채소 50g(오크 그린, 오크 레드, 크리스피 레드)
☐ 올리브오일 1큰술
☐ 소금 1g
☐ 후추 약간(생략 가능 · 허브 추가 및 대체 가능)
☐ 두부 3조각(100g 이내)   ☐ 아보카도오일 1작은술

RECIPE

1 채소는 깨끗하게 씻어 물기를 제거한다.

2 두부는 물기를 닦아내고 3등분으로 자른다. 예열한 팬에 아보카도오일을 두르고 중약불에서 앞뒤로 노릇하게 부친다.

3 양배추는 채를 썰고, 무화과는 먹기 좋게 4등분으로 자른다.

4 볼에 준비한 샐러드 채소와 양배추를 담고 올리브오일, 소금, 후추를 넣고 가볍게 버무린다.

5 식판에 밥, 부친 두부, 샐러드를 담는다. 샐러드 위에 무화과를 올린다.

COOKING TIP

무화과는 흐르는 물로 겉면을 살살 문지르면서 씻는다. 이때 구멍 뚫린 부분을 아래로 둔 상태에서 씻는다. 껍질째 먹으려면 무농약 제품을 고르거나 꼼꼼하게 세척해 먼지 등의 불순물을 잘 제거한다.

Low
GL

항산화
항염증

두뇌
건강

면역력
향상

에너지
대사

① 가바 현미밥 80g
② 귤 30g
③ 샐러드 250g

검은콩 낫토 샐러드 112 식판식

☐ 브로콜리 50g(3알)   ☐ 양상추 70g(1~2장)   ☐ 적근대 5g(1장)
☐ 루콜라(로케트) 5g(2줄)   ☐ 토마토 50g
☐ 올리브오일 1큰술   ☐ 소금 1g
☐ 검은콩 생낫토 45g   ☐ 간장 1작은술
☐ 참깨 1g   ☐ 올리브오일 1작은술

RECIPE

1 채소는 깨끗하게 씻어 물기를 제거한다.

2 브로콜리는 먹기 좋게 자른다. 브로콜리를 내열 용기에 담아 전자레인지에서 2분
30초간 익힌다. 찐 브로콜리는 찬물을 끼얹어 뜨거운 기운만 없애고 물기를 제거한다.

3 양상추는 한입 크기로 자르고, 적근대는 1㎝ 폭으로 썰고, 루콜라는 2㎝ 폭으로
자른다.

4 토마토는 4등분으로 자르고, 귤은 껍질을 벗겨 반으로 자른다.

5 볼에 준비한 채소를 담고 올리브오일과 소금을 추가해 버무린다.

6 검은콩 낫토에 간장, 참깨, 올리브오일을 넣고 젓가락을 이용해 잘 섞는다.

7 식판에 샐러드를 담고 섞은 검은콩 낫토를 올린다. 밥과 귤도 담는다.

COOKING TIP

토마토는 냉장 보관하면 토마토의 숙성이 멈추고 수분이 날아가 쭈글쭈글해지고 토마토
특유의 맛과 향도 사라진다. 가장 좋은 보관법은 상온 12도 이상의 서늘하고 통풍이 잘
되는 곳에서 보관하는 것이다. 또 서로 겹치지 않게 꼭지를 아래로 향하게 하고,
방울토마토는 꼭지를 떼는 것이 좋다.

Low
GL

위장
건강

항산화
항염증

두뇌
건강

면역력
향상

① 흑미 기장밥 80g
② 토마토 80g
③ 샐러드 223g

콩나물 샐러드 112 식판식

SALAD

☐ 데친 콩나물 60g   ☐ 오이 60g
☐ 양배추 30g   ☐ 양상추 30g
☐ 파프리카 20g
☐ 올리브오일 1.5큰술
☐ 소금 1g   ☐ 후추 약간
☐ 토마토 80g

RECIPE

1 채소는 깨끗하게 씻어 물기를 제거한다.

2 냄비에 씻은 콩나물과 물 2큰술을 넣고 중불에서 1분 30초간 익힌다. 익힌 콩나물은 체에 담아 물기를 빼면서 식힌다.

3 냄비에 물 2큰술, 소금 한 꼬집(0.3g)을 넣고 바글바글 끓이다가 5등분으로 자른 토마토를 넣고 물을 끼얹으며 중불에서 30초 이내로 살짝 익힌다. 익힌 토마토는 식판에 담아 식힌다.

4 오이는 반으로 잘라 어슷하게 썬다. 양배추와 양상추는 채를 썰고, 파프리카는 약간 도톰하게 채를 썬다.

5 볼에 익힌 콩나물, 양배추, 양상추, 파프리카를 담고 샐러드 양념을 분량대로 넣어 버무린다.

6 토마토를 담은 식판에 밥과 샐러드를 담는다.

COOKING TIP

콩나물의 머리가 까맣게 변한 것은 떼는 것이 좋다. 또 레시피처럼 저수분으로 익히는 대신 팔팔 끓는 물에 넣고 2분 이내로 데쳐도 된다. 익힌 콩나물은 곧바로 체에 담아 흐르는 물로 뜨거운 기운을 없애야 아삭하다.

Low
GL

눈
건강

두뇌
건강

면역력
향상

에너지
대사

① 흑미 기장밥 80g
② 오렌지 100g
③ 샐러드 270g

두부 샐러드 112 식판식

- [ ] 두부 100g
- [ ] 애호박 50g
- [ ] 어린 시금치 20~30g
- [ ] 청양고추 7g(1개)
- [ ] 들기름 2작은술
- [ ] 참깨 1작은술
- [ ] 오렌지 100g
- [ ] 식용유 1작은술
- [ ] 가지 50g
- [ ] 미니 파프리카 20g
- [ ] 양조간장 2작은술

RECIPE

1 채소는 깨끗하게 씻어 물기를 제거한다.

2 씻은 두부는 물기를 충분히 닦아내고 1cm 두께로 자른다. 팬에 기름을 두르고 중약불에서 앞뒤로 노릇하게 부친다.

3 청양고추는 반으로 잘라 씨를 제거한 후 송송 썬다. 미니 파프리카는 모양대로 얇게 썰고, 오렌지는 껍질을 벗겨 먹기 좋게 저민다.

4 애호박과 가지는 얇게 저민 후 기름 없이 앞뒤로 굽는다.

5 볼에 송송 썬 청양고추와 들기름, 참깨, 간장을 분량대로 넣고 섞는다.

6 식판에 준비한 애호박, 가지, 어린 시금치, 두부를 담고 파프리카를 올린 다음 섞은 양념장을 끼얹는다. 밥과 오렌지도 각기 다른 칸에 담는다.

COOKING TIP

- 냉동한 두부로 구울 때는 기름 없이 중약불에서 두부 자체의 수분으로 굽다가 수분이 없어지면 마지막에 기름을 소량만 두르고 불 온도를 높여 빠르게 지진다.

- 시금치는 어린잎으로 소량 준비한다. 시금치의 옥살산 성분이 두부의 칼슘과 만나면 자칫 체내 결석 등의 문제가 생길 수 있다. 하지만 많은 양을 두부와 함께 먹는 것이 아니므로 큰 문제는 없다. 만일 성숙한 시금치를 준비한 경우는 살짝 익히면 된다.

대시 DASH 식단이란?

'DASH(Dietary Approaches to Stop Hypertension)'는 미국에서 고혈압 환자를 위해 개발한 식단이다. 고혈압을 갖고 있는 사람의 경우 안정적인 혈압 조절을 위해 적정 비율의 칼슘과 마그네슘을 꾸준히 섭취해야 한다. 또한 지방과 염분의 섭취를 줄여야 하며, 고혈압 약을 복용하는 사람의 경우 비타민 C와 칼륨이 많이 함유된 음식은 적당하게 조절해 섭취해야 한다. 이를 과잉 섭취하면 오히려 어지럼증 등 부작용을 유발할 수 있다. 따라서 혈압이 높은 사람은 정상 혈압을 되찾기 위해 비만이 되지 않도록 적절히 체중을 조절해야 하는데, 이때 DASH 식단으로 도움을 받을 수 있다.

● DASH 식단의 포인트

❶ 설탕, 감미료, 나트륨 최소 섭취

❷ 흰쌀밥과 찹쌀로 만든 음식은 소량 섭취
   다양한 곡물로 지은 잡곡밥을 주로 섭취

❸ 동물성 단백질 대신 식물성 단백질과 해산물 섭취

❹ 불포화지방 섭취

❺ 가공식품의 섭취 금지

● DASH 식단 적용 예
• 현미 귀리밥(또는 통곡물 빵)
• 토마토를 넣은 국(또는 토마토 스프)
• 올리브오일과 소량의 소금으로 맛을 낸 콜리플라워 샐러드
• 들기름과 으깬 두부로 버무린 시금치나물
• 호박씨를 넣은 콩조림

Choice 3

저녁에 먹으면 더 좋은
샐러드밀

다양한 곡물로 섭취하는 식이섬유소는
혈당과 감정 균형에 좋은 영향을 미친다.
이는 과식과 폭식을 예방해 올바른 식이습관을 만들게 한다.
결국 양질의 식이섬유소는 뱃살을 줄이는 열쇠가 된다.

샐러드밀 ⇒ 1 · 2 · 3 · 4주 저녁 식사 권장 메뉴

Low
GL 위장건강 대장건강 눈건강 두뇌건강

① 기장밥 80g
② 채소 카레라이스 200g + 장마 30g
③ 양배추 샐러드 30g

채소 카레라이스 + 양배추 샐러드 식판식

☐ 고형 카레 4조각(100~120g)   ☐ 생수 620㎖
☐ 토마토 2개(360g)   ☐ 감자 1개(껍질 벗긴 감자 180g)
☐ 둥근 호박 1/4개(130g)   ☐ 양파 1/2개(껍질 벗긴 양파 90g)
☐ 장마 슬라이스 3조각(30g)   ☐ 올리브오일 1작은술
☐ 채 썬 양배추 30g   ☐ 참깨 1/2작은술
☐ 올리브오일 1작은술   ☐ 소금 0.5g

RECIPE

1 손질한 감자, 애호박, 양파는 2㎝ 크기의 사각 모양으로 약간 큼직하게 썬다.

2 썬 감자는 찬물에 5분간 담가 녹말기를 없앤 다음 물기가 있는 상태로 전자레인지에서
5분간 익힌다.

3 씻은 토마토는 조각을 내 믹서 용기에 담는다. 생수 120㎖를 붓고 곱게 간다.

4 먼저 냄비에 생수 500㎖, 호박과 양파를 넣고 끓인다.

5 호박이 반 정도 익으면 찐 감자와 곱게 간 토마토를 추가한다.

6 한소끔 바글바글 끓으면 고형 카레를 넣고 뭉치지 않게 저으면서 끓이다가 약불로
줄인다. 3분 정도 더 끓인 후 불을 끈다.

7 믹싱볼에 채 썬 양배추, 참깨, 올리브오일, 소금을 넣고 버무린 후 식판에 담는다.

8 식판에 밥과 카레를 담는다. 카레에 참마 슬라이스를 올린 후 올리브오일을 뿌린다.

COOKING TIP

카레라이스에 넣을 채소는 브로콜리, 콜리플라워 등으로 다양하게 응용하면 된다.

① 원시 곡물밥 80g
② 비빔밥 채소 고명 100g
③ 십자화과 채소 샐러드 100g
④ 귀리 비빔장 40g

어린잎 비빔밥 + 십자화과 채소 샐러드

☐ 어린잎채소 30g ☐ 콩나물 60g ☐ 들기름 2작은술
☐ 귀리 비빔장 40g(2큰술)
☐ 콜리플라워 25g ☐ 브로콜리 25g ☐ 토마토 50g
☐ 올리브오일 1.5작은술 ☐ 소금 0.5g ☐ 후추 약간

RECIPE

1 어린잎채소는 씻은 후 물기를 제거한다.

2 콩나물은 씻어 끓는 물에 넣고 2분간 데친다. 그런 다음 찬물로 헹군 후 체에 담아 물기를 뺀다. 먹기 좋게 자른다.

3 브로콜리와 콜리플라워는 씻은 후 먼저 브로콜리를 넣고 2분간 찌다가 콜리플라워를 추가해 1분간 더 찐다. 찐 채소는 믹싱볼에 담는다.

4 토마토는 먹기 좋게 자른다. 믹싱볼에 담아둔 찐 채소에 토마토와 드레싱 재료를 추가로 넣고 살살 버무린다. 그릇에 담는다.

5 그릇에 밥, 어린잎채소와 콩나물을 담고 귀리 비빔장을 곁들인다.

COOKING TIP

• 귀리 비빔장 재료 : 고추장 2큰술, 된장 3큰술, 양파(작은 크기) 2개, 애호박 1/3개, 팽이버섯 1봉(120g), 생수 240㎖, 볶은 귀리가루 3큰술

• 귀리 비빔장 만드는 법
  ❶ 양파와 애호박은 1~2㎝ 크기의 사각 모양으로 썰고 팽이버섯은 1㎝ 폭으로 자른다.
  ❷ 냄비에 양파와 애호박, 생수를 넣고 중불에서 익을 때까지 끓인다.
  ❸ 채소가 익으면 약불로 줄이고 고추장과 된장을 분량대로 넣어 섞으면서 30초간 끓인다.
  ❹ 귀리가루와 팽이버섯을 넣고 섞으면서 20초 정도 더 끓인다.
  ❺ 완성한 귀리 비빔장은 보관 용기에 담아 냉장 보관한다.

Low GL 암 예방 항산화 항염증 두뇌 건강 에너지 대사

Low
GL
대장
건강
항노화
항염증
두뇌
건강
에너지
대사

① 원시 곡물밥 80g
② 비빔밥 낫토 고명 110g
③ 돌나물 샐러드 110g

낫토 비빔밥 + 돌나물 샐러드

- [ ] 마 30g
- [ ] 검은콩 생낫토 45g
- [ ] 돌나물 15g(또는 20g)
- [ ] 오이 40g
- [ ] 올리브오일 1큰술
- [ ] 소금 0.3g

- [ ] 아보카도 30g
- [ ] 간장 1작은술
- [ ] 루콜라 5g(3~4줄)
- [ ] 방울토마토 40g

- [ ] 참깨 1g

- [ ] 후추 약간

RECIPE

1 돌나물과 루콜라는 씻은 후 물기를 제거한다.

2 오이는 납작하게 썰고 방울토마토는 4등분을 한다.

3 껍질을 벗긴 마와 아보카도는 채를 썬다.

4 검은콩 낫토는 간장, 참깨를 넣고 젓가락으로 점성이 생기도록 젓는다.

5 믹싱볼에 샐러드 채소와 드레싱 재료를 분량대로 넣고 살살 버무려 그릇에 담는다.

6 그릇에 밥, 채 썬 마와 아보카도, 검은콩 낫토를 담는다.

COOKING TIP

김을 잘라 낫토 비빔밥 위에 추가로 올려도 좋다.

① 찰흑미 귀리밥 80g
② 찐 소고기 60g 이내
③ 스팀 샐러드 230g

찐 소고기 112 + 스팀 샐러드 식판식

☐ 소고기 60g   ☐ 올리브오일 1작은술
☐ 소금 0.2g   ☐ 후추 약간
☐ 콜리플라워 30g   ☐ 브로콜리 30g
☐ 연근 30g   ☐ 감자 30g
☐ 파프리카 30g   ☐ 방울토마토 2~3개(70g)
☐ 바질가루 0.5g   ☐ 발사믹 식초 1.5큰술
☐ 올리브오일 2작은술   ☐ 소금 0.8g   ☐ 후추 약간

RECIPE

1 브로콜리와 콜리플라워는 흐르는 물로 씻은 후 먹기 좋게 자른다.

2 껍질 벗긴 연근은 5mm 두께로 썰고, 감자는 1cm 두께로 약간 도톰하게 썬다.

3 파프리카는 2cm 크기의 사각 모양으로 자른다.

4 방울토마토는 4등분으로 자른 다음 각 2~3등분으로 잘라 믹싱볼에 담는다. 드레싱
   재료를 분량대로 추가해 섞는다.

5 소고기는 핏물을 닦아내고 먹기 좋게 자른다.

6 찜기에 연근과 감자를 먼저 넣고 1분간 익히다가 한쪽에 소고기와 브로콜리를 추가해
   2분간 더 찐다. 마지막에 콜리플라워와 파프리카를 추가해 1분 정도 더 익힌다.

7 식판에 밥, 찐 채소와 소고기를 각각 담는다. 찐 채소에는 토마토 드레싱을 끼얹고, 찐
   소고기에는 올리브오일, 소금과 후추를 뿌린다.

COOKING TIP

연근과 감자는 약간 사각거리는 정도로 익히면 되는데 충분히 익히고 싶다면 연근과
감자의 찌는 시간을 늘린다.

Low
GL

항산화
항염증

면역력
향상

에너지
대사

Low GL | 항산화 항염증 | 면역력 향상 | 에너지 대사

① 기장밥 80g
② 녹차물 고명 50g
③ 브로콜리 샐러드 180g

녹차물밥 + 브로콜리 샐러드

- [ ] 녹차가루 2g
- [ ] 참깨 1/2작은술
- [ ] 오이 50g
- [ ] 브로콜리 50g
- [ ] 올리브오일 1큰술
- [ ] 따뜻한 생수 240㎖(또는 멸치육수)
- [ ] 김 1/4장
- [ ] 오이 절임용 소금 1g
- [ ] 양상추 30g
- [ ] 허브 소금 1g(또는 소금 0.6g)
- [ ] 딸기 100g

RECIPE

1 오이는 먼저 가볍게 씻은 후 껍질을 벗긴다. 흐르는 물에 오이를 씻어 납작하게 저민 후 소금 1g을 넣고 버무린다. 5분간 절인 후 헹구지 않고 절인 그대로 물기만 꼭 짜낸다.

2 손질한 브로콜리는 3분간 찐 다음 믹싱볼에 담는다.

3 양상추는 씻은 후 물기를 제거하고 먹기 좋게 자른다. 딸기는 꼭지를 제거한 후 깨끗하게 씻어 물기를 뺀다.

4 믹싱볼에 담은 브로콜리, 양상추, 딸기에 드레싱을 분량대로 넣고 살살 버무린다. 완성한 샐러드를 그릇에 담는다.

5 김은 3등분을 한 후 가늘게 잘라 준비한다. 그릇에 따뜻한 물과 녹차가루를 넣고 희석한다.

6 그릇에 밥을 담고 절인 오이를 올린 다음 깨를 뿌린다. 준비한 녹차물을 붓고 자른 김을 올린다.

COOKING TIP

녹차가루 대신 찻잎으로 우린 물을 사용해도 된다.

① 현미 귀리밥 100g
② 비빔밥 고명 130~140g
③ 버섯 샐러드 200g
④ 비빔 간장 13~15g

새싹 비빔밥 + 버섯 샐러드

☐ 새싹채소(브로콜리, 적무, 유채, 알팔파 새싹) 40g
☐ 생식용 연두부 90g

☐ 간장 1작은술	☐ 식초 1작은술	☐ 들기름 1작은술
☐ 느타리버섯 100g	☐ 브로콜리 30g	
☐ 마늘 20g(5~7알)	☐ 방울토마토 50g(2개)	
☐ 올리브오일 1작은술	☐ 발사믹 식초 1/2작은술	
☐ 소금 0.5g	☐ 후추 약간(생략 가능 · 허브 추가 및 대체 가능)	

RECIPE

1 브로콜리는 씻은 후 먹기 좋게 한입 크기로 자른다.

2 마늘은 꼭지를 잘라내고 굵은 마늘만 반으로 자른다.

3 느타리버섯은 흐르는 물로 가볍게 씻어 물기를 뺀다.

4 새싹채소는 1번 헹군 후 체에 담아 흐르는 물로 씻어 물기를 뺀다.

5 먼저 브로콜리와 마늘을 1분간 찌다가 느타리버섯을 추가해 2분간 더 찐다.

6 간장, 식초, 들기름을 섞어 비빔 간장을 준비하고, 올리브오일, 발사믹 식초, 소금을 섞어 샐러드 드레싱을 준비한다.

7 그릇에 밥을 담고 새싹채소를 올리고, 생식용 연두부와 비빔 간장을 곁들인다. 먹을 때 연두부를 넣고 함께 비벼 먹는다.

8 찐 채소와 방울토마토는 그릇에 담고 후추를 뿌린 후 드레싱을 끼얹는다.

COOKING TIP

샐러드에 넣을 발사믹 식초 대신 사과 발효식초 또는 석류 식초를 사용해도 좋다.

체중 감량을 위해 탄수화물 섭취를 줄이는 사람이 점점 더 늘고 있다. 어떤 사람은 쌀밥을 아예 먹지 않는 경우도 있다. 그 이유는 정제 탄수화물이 혈당을 급격히 높이고, 대사질환을 유발하는 문제점이 있기 때문이다. 만일 체중조절을 위해 탄수화물 섭취를 줄이고자 밥 먹기를 꺼린다면 '저항성 전분'을 적극 활용하자.

❶ 일반 전분은 1g당 열량이 4㎉이지만, 저항성 전분은 1g당 2㎉로 절반 수준이다.

❷ 쌀밥을 냉장고에서 차갑게 식히면 저항성 전분이 생긴다. 냉장고에서 차갑게 보관한 밥을 전자레인지로 다시 데워 먹어도 저항성 전분은 변하지 않는다.

❸ 냉동이 아닌 냉장, 즉 0도에 가깝게 보관할수록 저항성 전분의 함량은 높아진다.

❹ 상온에서 밥을 식히면 저항성 전분이 약 2배, 냉장고에서 식히면 약 3배가량 증가한다.

❺ 저항성 전분은 귀리 등의 통곡물, 콩, 감자, 호박 등이 풍부하므로 밥을 지을 때 적극 활용한다. 다 지은 밥은 1회 먹을 분량씩(80~100g) 소분해서 담아 냉장 보관하면 된다.

저항성 전분은 흔히 감자, 곡물, 콩류 등에 많이 함유되어 있는데, 소장에서 소화되지 않아 식이섬유로 분류된다. 탄수화물과 저항성 전분 섭취를 비교한 연구에서 저항성 전분 섭취 시 탄수화물 섭취와 달리 혈당 수치가 감소했다고 한다. 또한 저항성 전분을 섭취함으로써 장내 지질 대사에 관여하는 대사산물과 효소 대사를 활성화하고 유익한 균이 증가해 장내 환경에 좋은 영향을 미친다고 한다. 결론적으로 저항성 전분을 섭취하면 장내 미생물의 균형을 회복시켜 지질 대사와 혈당을 안정적으로 관리할 수 있다. 또한 비만과 대사성 질환을 예방하는 데 도움이 된다.

따라서 저항성 전분의 원리를 밥에 적용하면 그 효과를 고스란히 얻을 수 있다. 갓 지은 밥을 냉장고(0~4도)에 12시간 정도 보관한 후 먹을 때 전자레인지에서 데우면 된다.

● 뱃살을 줄이는 곡물밥 황금 비율
• 기장밥 : 백미 1+1/2컵, 기장 1/2컵
• 찰흑미 기장밥 : 찰흑미 1/3컵, 기장 1/3컵, 백미 1+1/3컵
• 현미 귀리밥 : 현미 1컵, 귀리 1/2컵, 백미 1/2컵
• 가바현미밥 : 가바현미 1컵, 백미 1+3/4컵, 찰기장 1/4컵
• 찰흑미 귀리(보리)밥 : 찰흑미 1/2컵, 귀리(보리) 1/2컵, 백미 2컵
• 원시 곡물밥 : 와일드 라이스 1/2컵, 백미 2.5컵, 렌틸콩 1/2컵, 아마란스 1/2컵
• 팥밥 : 삶은 팥 1컵, 백미 1+1/2컵, 기장 1/4컵, 찰흑미 1/4컵

Choice 4
동물성 단백질 112
샐러드 식판식

단백질은 단지 근육을 구성하는 물질이라는 식의 단편적 이해에 머물고,
체지방 축적의 원인을 단백질 부족에서만 찾는다면
자칫 동물성 단백질 식품에 편중되거나 과도한 식사를 하기 쉽다.

동물성 단백질 112 샐러드 식판식 ⇒ 3 · 4주차 점심 교차 적용 가능

단백질은 얼마나 먹어야 할까?

운동하지 않거나 활동량이 적은 사람들은 단백질을 하루 35g 이상 먹을 필요가 없다.

단백질은 몸무게에 따라 필요한 1일 섭취량이 다르다.

몸무게 × 0.8 = ?g

단백질의 제공량은 '그램 g'으로 표기

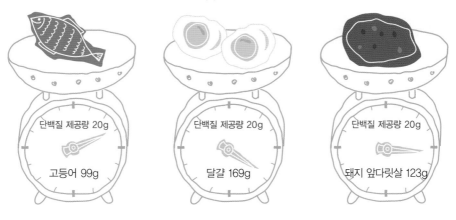

단백질 제공량 20g	단백질 제공량 20g	단백질 제공량 20g
고등어 99g	달걀 169g	돼지 앞다릿살 123g

단백질은 식품에 따라 함유된 제공량이 다르다.
즉, 단백질 20g을 섭취하기 위해서는
식품별로 먹어야 할 양을 조절해야 한다.

그림과 같이 **단백질 제공량**을 확인하면 어떤 식품을 적게 먹어야 하고
어떤 식품을 많이 먹어야 하는지 알 수 있다.

식품의 100g 당 단백질 제공량 확인

탄수화물 없는 동물성 단백질 1회분 : 단백질 1회 제공량 20g을 넘지 않고 먹는 양

▶ 다음의 표는 한 끼 샐러드에 넣으면 좋은 소고기, 돼지고기, 닭고기에 대한 참고 내용입니다.
단백질 1회 제공량 20g을 넘지 않으면서 탄수화물 없는(OGL) 동물성 단백질입니다.
기름을 제거한 살코기로 조리하지 않은 상태의 섭취량을 나타낸 것입니다.

식품	100g 당 단백질 함유량	단백질 20g을 제공하는 OGL 1회분 섭취량
소고기		
양지	19.1g(탄수화물 0g)	105g
안심	20.8g(탄수화물 0g)	96g
설도	19.7g(탄수화물 0g)	102g
우둔(홍두깨)	21.2g(탄수화물 0g)	95g
돼지고기		
앞다릿살	16.3g(탄수화물 0g)	123g
사태	22g(탄수화물 0g)	91g
닭고기		
다릿살	19.2g(탄수화물 0g)	104g
가슴살	23.1g(탄수화물 0.1g)	86g

GL 지수를 고려한 단백질 1회분 섭취량 확인

가령 흰콩+현미밥+상추&오이 샐러드 식단에서 단백질 식품으로 흰콩을 선택한다면 이 경우 흰콩에 단백질과 탄수화물이 함께 들어 있다는 점을 고려해야 한다. Low GL 식사가 되려면 탄수화물은 7GL이면 적당하다. 즉 탄수화물 식품인 현미밥과 흰콩을 합해서 7GL이 되어야 한다는 의미다. 따라서 흰콩의 단백질 제공량을 고려해 그 양을 정하고 현미밥의 섭취량을 조절하면 된다.

Low GL | 암 예방 | 항산화 항염증 | 면역력 향상 | 에너지 대사

① 찰흑미 기장밥 65g
② 달걀말이 50g(달걀 1개 분량)
③ 토마토 샐러드 255g

달걀 112 샐러드 식판식

- [ ] 토마토 50g
- [ ] 브로콜리 25g
- [ ] 올리브오일 1큰술
- [ ] 달걀 2개

- [ ] 사과 50g
- [ ] 콜리플라워 25g
- [ ] 소금 0.7g
- [ ] 소금 0.3g

- [ ] 오이 50g
- [ ] 양상추 40g
- [ ] 후추 약간
- [ ] 식용유 1/2작은술

RECIPE

1 채소와 과일은 깨끗하게 씻어 물기를 제거한다.

2 브로콜리와 콜리플라워는 먹기 좋게 자른다. 먼저 브로콜리를 찜기에 담아 1분 30초간 익힌 후 콜리플라워를 추가해 1분간 더 익힌다. 찐 브로콜리와 콜리플라워는 찬물을 끼얹어 뜨거운 기운만 없애고 물기를 제거한다.

3 양상추는 한입 크기로 자르고, 오이는 동글납작하게 썬다.

4 토마토는 4등분으로 자르고, 사과는 껍질을 벗겨 납작하게 썬다.

5 달걀은 풀어서 소금을 넣고 섞는다. 예열한 팬에 식용유를 바른 후 중약불에서 달걀말이를 만든다. 이때 푼 달걀을 조금씩 부어 달걀이 익으면 말고, 또 익으면 말고 하는 과정을 반복해 달걀말이를 완성한다.

6 볼에 준비한 채소와 과일을 담고 올리브오일과 소금, 후추를 추가해 버무린다.

7 만든 달걀말이를 먹기 좋게 자른다. 전체 양 중에서 50g만 식판에 담고 샐러드와 밥도 담는다.

COOKING TIP

껍질째 오이를 먹을 때는 솔로 오이 겉면의 틈새 하나하나를 구석구석 씻어야 한다. 또는 오이 표면에 물기가 있는 상태에서 굵은 소금을 이용해 문지르면서 세척해도 된다.

Low
GL

항산화

면역력
향상

에너지
대사

122

① 찰흑미 기장밥 70g
② 등갈비 80g
③ 딸기 샐러드 255g

등갈비 112 샐러드 식판식

- [ ] 딸기 60g(3~4개)
- [ ] 사과 30g
- [ ] 오이 50g
- [ ] 어린잎채소 30g
- [ ] 양배추 30g
- [ ] 양상추 40g
- [ ] 올리브오일 1큰술
- [ ] 소금 0.5g
- [ ] 후추 약간
- [ ] 데친 돼지 등갈비 1쪽(뼈 무게 포함 100g 이내)
- [ ] 녹차가루 0.5g
- [ ] 생강가루 0.3g
- [ ] 올리브오일 1작은술
- [ ] 소금 0.3g
- [ ] 후추 약간

RECIPE

1 채소와 과일은 깨끗하게 씻은 후 물기를 제거한다.

2 양배추는 채를 썰고, 양상추는 한입 크기로 자른다.

3 딸기는 반으로 자르고, 사과는 껍질을 벗겨 5등분으로 썬다.

4 끓는 물에 등갈비를 넣고 데친다. 데친 등갈비에 녹차가루, 생강가루, 소금, 후추, 올리브오일을 넣고 버무린다.

5 볼에 준비한 채소와 과일을 담고 올리브오일과 소금, 후추를 추가해 버무린다.

6 식판에 밥, 샐러드, 등갈비를 담는다.

COOKING TIP

- 등갈비 대신 돼지고기의 다른 부위를 이용할 경우는 삼겹살 · 목살 · 다릿살은 50g, 안심과 등심은 70g을 준비하면 된다.
- 등갈비를 데칠 때 맛술을 추가하면 약간의 단맛이 나고 잡내가 덜 난다.

Low
GL

항산화

면역력
향상

에너지
대사

① 기장밥 90g
② 명란구이 50g
③ 가지 샐러드 195g

구운 명란 112 샐러드 식판식

☐ 가지 50g
☐ 미니 파프리카 40g   ☐ 어린 시금치 30g
☐ 사과 60g   ☐ 파슬리가루 1g
☐ 올리브오일 1큰술
☐ 소금 0.8g   ☐ 후추 약간
☐ 명란 50g
☐ 들기름 1작은술

RECIPE

1 채소와 과일은 깨끗하게 씻은 후 물기를 제거한다.

2 가지는 얇게 저민 다음 기름 없이 중약불에서 앞뒤로 굽는다.

3 예열한 팬에 명란을 올리고 약불에서 앞뒤로 은근하게 굽는다.

4 파프리카는 모양대로 썰고, 사과는 껍질을 벗겨 납작하게 썬다.

5 볼에 준비한 채소와 과일을 담고 파슬리가루, 올리브오일, 소금, 후추를 추가해 버무린다.

6 식판에 밥과 샐러드를 담는다. 구운 명란을 먹기 좋게 잘라 식판에 담고 들기름을 끼얹는다.

COOKING TIP

냉동한 명란은 미리 꺼내 냉장고에서 해동한 다음 굽는다.

Low
GL

항산화
항염증

면역력
향상

에너지
대사

① 팥밥 70g
② 딸기 70g
③ 새우 샐러드 200g

새우 112 샐러드 식판식

SALAD

☐ 자숙 새우살 50g   ☐ 오렌지 50g
☐ 브로콜리 35g   ☐ 양상추 40g
☐ 양파 10g   ☐ 깻잎 5g
☐ 올리브오일 1큰술   ☐ 파슬리가루 1g
☐ 소금 0.8g   ☐ 후추 약간
☐ 딸기 70g

RECIPE

1 채소와 과일은 깨끗하게 씻어 물기를 제거한다.

2 브로콜리는 먹기 좋게 자른다. 자른 브로콜리를 찜기에 담아 2분 30초간 익힌다. 찐 브로콜리에 찬물을 끼얹어 뜨거운 기운만 없애고 물기를 제거한다.

3 해동한 자숙 새우살은 끓는 물에 넣고 1분 이내로 데쳐 물기를 뺀다.

4 양상추는 한입 크기로 자르고, 양파는 얇게 썬다.

5 깻잎은 반을 잘라 2㎝ 폭으로 썬다.

6 딸기는 반으로 자르고, 오렌지는 껍질을 벗겨 1㎝ 두께로 썬다.

7 볼에 준비한 채소와 과일을 담고 파슬리가루, 올리브오일, 소금, 후추를 추가해 버무린다.

8 식판에 밥, 샐러드, 딸기를 담는다.

COOKING TIP

냉동한 자숙 새우살은 이미 익힌 상태이므로 끓는 물에 넣고 소독하는 기분으로 빠르게 데치면 된다.

① 기장밥 80g
② 꽁치조림 50g
③ 잎채소 샐러드 205g

꽁치조림 112 샐러드 식판식

☐ 잎채소(오크 레드, 오크 그린, 크리스피 레드, 로메인) 50g

☐ 양배추 30g	☐ 배 50g	☐ 토마토 50g
☐ 호두 10g	☐ 참깨 1작은술	
☐ 올리브오일 2작은술	☐ 소금 0.8g	☐ 후추 약간
☐ 꽁치(통조림) 50g	☐ 생강가루 0.5g	
☐ 맛술 1작은술	☐ 간장 1/3작은술	☐ 후추 0.5g

RECIPE

1 채소와 과일은 깨끗하게 씻은 후 물기를 제거한다.

2 양배추는 채를 썰고, 토마토는 2등분을 한다. 배는 네모 모양으로 썬다.

3 볼에 조림 양념을 분량대로 넣고 섞는다.

4 팬에 꽁치를 담고 양념장을 끼얹으면서 중약불에서 양념이 배어들게 조린다.

5 볼에 준비한 채소와 과일을 담고 호두, 참깨, 올리브오일, 소금, 후추를 추가해 버무린다.

6 식판에 밥과 샐러드, 꽁치조림을 담는다.

COOKING TIP

• 통조림 대신 생꽁치를 사용할 때는 생수 1작은술을 추가하고, 간장은 1작은술로 조절한다.

• 조림 방식으로 만들지만 강정처럼 국물이 없게 완전히 조린다.

Low GL · 항노화 항염증 · 두뇌 건강 · 면역력 향상 · 에너지 대사

칼로리 vs GL

GL 식사에서는 **칼로리 계산**을 하지 않아도 된다.

칼로리는 음식에 들어 있는 에너지를 말한다.
즉, 칼로리 계산을 하는 이유는
음식으로 얻은 열량을 활동하면서 얼마나 사용하는지 파악한 다음
필요한 음식의 적정 섭취량을 알기 위한 것이다.

GL 지수는 뱃살의 근본 원인인
탄수화물 과잉 섭취를 예방하고자
혈당지수를 기준으로 탄수화물 섭취량을 산출한 것이다.

Low GL 또는 High GL
즉, 탄수화물 음식이 혈당에 빠르게 혹은 느리게 흡수 및 방출되는 정도에 따라
적정한 탄수화물 섭취량과 섭취해야 할 탄수화물 식품의 유형을 구분한다.
이를 토대로 식사량을 조절하고 식습관에 어떻게 적용할 것인지 파악한다.

이와 달리 **지방**에 집중한 **칼로리 계산법**은
자칫 음식에 포함된 '**좋은 지방**'까지 고열량 식품으로 치부할 수 있다.
좋은 지방은 우리 몸에 꼭 필요한 필수지방으로
음식의 조리 과정에서 변질된 **트랜스 지방**이 아니며,
동물성 단백질에 포함된 **포화지방**과도 다르다.

또한 **칼로리 계산식은 단백질의 과잉 섭취**를 유발할 수 있다.
고칼로리 음식 섭취를 방지하기 위해 **고단백질** 섭취를 선호하게 된다.
사실 단백질은 **몸무게**와 활동량에 따라 **필요한** 적정 섭취량이 다르다.

결론적으로 좋은 지방과 적정량의 단백질을 섭취할 수 있는
GL 식사에서는
굳이 칼로리 계산을 하지 않아도 되는 것이다.

Choice 5

식판식 식단에
변화를 주고 싶을 때
Low GL 한 끼

건강하게 살려면 몸이 꼭 필요로 하는 만큼 음식을 보충하면 된다.
그 이상 먹거나 부족하면 몸에 이상 반응이 생긴다.
만일 음식을 너무 많이 혹은 너무 적게 먹는다면 한 끼 식사량을 점검해야 한다.

Low GL 한 끼 ⇒ 1·2·3·4주 주말과 2·3·4주 점심 또는 저녁 적용 가능

심리적 포만감을 높이는 쌈밥과 두부장

SAMPLE 1

① 찰흑미 귀리밥 70g
② 쌈채소 150g
③ 두부장과 고명 80g

□ 쌈채소 150g : 황근대 · 쌈배추 · 아삭이 로메인 · 아삭이상추 · 적상추 · 적겨자 · 셀러리

□ 두부장 70g(수북하게 2큰술)　　　□ 들기름 1작은술　　□ 청양고추 1개(5~7g)

□ 두부 230g　　□ 양파 200g(1개)　　□ 오트밀 2큰술　　□ 마른 잔새우 2큰술

□ 생수 120㎖　　□ 된장 3큰술　　□ 고춧가루 1작은술

RECIPE

1 쌈채소는 약간의 식초를 떨어뜨려 희석한 찬물에 5분간 담가둔다. 흐르는 물로
깨끗하게 씻은 후 물기를 털어낸다.

2 청양고추는 씻어서 반을 자른 후 씨를 제거한다. 잘게 자른다.

3 양파는 씻은 후 반을 자른다. 1/2개를 각각 1㎝ 폭으로 자른 다음 방향을 바꿔 같은
폭으로 자른다. 이렇게 자르면 1㎝ 크기의 사각 모양이 된다.

4 냄비에 생수를 붓고 양파를 넣어 중불에서 1분간 끓인다.

5 불을 약불로 줄이고 두부를 으깨서 넣은 후 30초간 저으면서 끓인다.

6 된장, 잔새우, 고춧가루를 넣고 30초간 섞으면서 끓인다. 마지막에 오트밀을 넣고
30초간 더 섞으면서 끓인 후 불을 끈다.

7 먹을 때 1회분 양(70g)을 덜어 잘게 자른 청양고추를 넣고 들기름 1작은술도 추가한다.

COOKING TIP

- 된장은 깎아서 계량한다. 이때 소복하게 담으면 쌈장이 짜게 된다.

- 청양고추는 씨를 제거해야 자극적이지 않고 개운한 맛을 느낄 수 있다.

- 쌈채소는 세차게 흐르는 물로 꼭지 쪽을 살살 문지르면서 씻는다. 잎 부분은 먼지 등의
이물질이 씻겨나가도록 물이 닿는 면적이 많아야 깨끗하게 씻을 수 있다.

- 쌈장을 먹을 때 들기름을 추가하면 오메가 3를 함께 섭취할 수 있으며 맛도 고소하다.

① 만능 주먹밥 80~100g

곡물의 영양을 담은 만능 주먹밥

☐ 혼합 곡물 2컵(전기밥솥 계량컵 분량) : 백미 1/2컵, 찰현미 1/2컵, 귀리 1/5컵, 렌틸콩
    1/5컵, 보리 1/5컵, 찰흑미 1/5컵, 기장 1/5컵

☐ 잔멸치(지리멸치) 2큰술   ☐ 잔새우 2큰술   ☐ 파래가루 1큰술
☐ 당근 100g   ☐ 브로콜리 100g   ☐ 간장 2작은술

RECIPE

1 비율로 혼합한 곡물 2컵을 준비해 씻는다. 씻은 곡물은 전기밥솥에 담고 잡곡 코스에
맞게 생수(찬물)를 부어 15분간 불린다. 15분 후 밥을 한다.

2 볼에 밥을 담고 한 김 식힌다.

3 잔멸치, 잔새우를 예열한 팬에 담아 식용유를 두르지 않고 중불에서 2분간 볶는다.

4 당근은 잘게 다진 다음 아보카도오일을 두르고 중불에서 3분간 볶는다.

5 조각을 낸 브로콜리는 전자레인지에서 2분간 찐다. 한 김 식힌 후 잘게 다진다.

6 밥에 준비한 당근, 브로콜리, 잔멸치, 잔새우, 파래가루, 간장 2작은술을 넣고 골고루
섞는다.

7 30g씩 밥을 뭉쳐 주먹밥을 만든다. 용기에 담아 냉장고에 보관한다.

COOKING TIP

• 시판 다이어트 주먹밥을 구입하는 사람에게 도움이 될 만한 레시피이다.

• 한 끼 먹는 양은 자유롭게 정해도 되지만 최대 5알은 넘기지 않아야 체중 감량에
도움이 된다.

① 샐러드 김밥 150g

신선한 채소를 넣은 샐러드 김밥

☐ 쌀밥 100g   ☐ 곡물 주먹밥 1알(30g)

☐ 아보카도오일 1작은술   ☐ 소금 0.5~1g   ☐ 김(김밥용 구운 김) 1장

☐ 적로메인 15g(4장)   ☐ 부추 10g   ☐ 청양고추 7~13g(1~2개)

☐ 베이비케일 10g   ☐ 양배추 채 15g   ☐ 사과 채 20g

☐ 볶은 당근 채 20g   ☐ 시금치나물 40g

RECIPE

1 고슬고슬하게 지은 밥에 아보카도오일과 소금을 넣고 섞으면서 식힌다.

2 시금치는 끓는 물에 살짝 데친 후 헹군다. 물기를 꼭 짜낸 다음 들기름과 소금을 넣고
버무린다.

3 당근은 채를 썰어 중불에서 아보카도오일(또는 식용유)을 넣고 3분간 볶는다.

4 채소는 씻은 후 물기를 털어낸다. 사과는 약간 도톰하게 채를 썬다. 청양고추는 반으로
잘라 씨를 제거한다.

5 종이호일 위에 김을 깐다. 김 위에 준비한 밥을 김 전체에 골고루 펼쳐 담고, 곡물
주먹밥은 시작 지점에 한 줄로 가지런히 펴서 올린다.

6 베이비케일 → 양배추 채 → 부추 → 당근 채 → 시금치 → 사과 채 → 청양고추
순서로 차곡차곡 올린다.

7 적로메인으로 쌓은 재료를 감싸듯이 덮는다.

8 종이호일을 이용해 꼭꼭 뭉치면서 돌돌 만다. 완성한 김밥은 대략 2~3㎝ 간격으로
자른다.

COOKING TIP

• 레시피의 재료는 김밥 1줄 분량이다.

• 원하는 채소로 대체해도 좋다. 만일 시판 단무지를 넣는다면 밥에 넣는 소금의 양을
줄이면 된다.

• 체중 감량을 위해 먹는다면 4알을 추천하며, 1줄 이상 섭취하지 않는 것이 좋다.

① 샐러드밀 150g

곡물 믹스 150g 스팀 샐러드밀

☐ 찰흑미 귀리밥 25g(찰흑미 1/2컵, 귀리 1/2컵으로 지은 밥)
☐ 브로콜리 35g   ☐ 양배추 20g
☐ 감자 50g   ☐ 당근 20g
☐ 들깨 1g
☐ 올리브오일 1작은술 ☐ 소금 0.8g

RECIPE

1 고슬고슬하게 지은 밥에 아보카도오일과 소금을 넣고 섞으면서 식힌다.

2 감자와 당근은 4㎜ 두께로 썰어 2등분 또는 4등분으로 자른다. 썬 감자는 찬물로 전분기를 씻어낸다.

3 양배추는 2㎝ 크기의 사각 모양으로 자른다.

4 브로콜리는 먹기 좋은 크기로 자른다.

5 먼저 감자와 당근을 2분간 찐 후 브로콜리와 양배추를 추가해 넣고 1분 30초간 더 익힌다.

6 익힌 채소와 찰흑미 귀리밥에 소금 0.8g, 올리브오일 1작은술, 들깨 1g을 넣고 섞는다.

COOKING TIP

• 통곡물을 익힌 채소와 함께 먹는 '스팀 샐러드밀'이다.

• 하루 한 끼(특히 저녁) 150g을 넘지 않는 양으로 체중 감량을 위한 식단이다.

• 익혀서 먹는 샐러드로 볶지 않고 찌는 방식의 조리법이다. 특히 여름에는 차게 먹을 수 있는 샐러드밀이다.

• 채소를 찔 때는 전자레인지 혹은 전기 찜기 등 다양한 조리 도구 중 원하는 것으로 선택하면 된다.

• 들깨는 가루가 아닌 통들깨를 사용한다.

① 메밀소면 300g
② 어린잎 샐러드 110g

국수가 먹고 싶을 땐
샐러드와 메밀소면 한 그릇

- ☐ 삶은 메밀국수 100g
- ☐ 청양고추 5g(1개)
- ☐ 어린잎채소 40g
- ☐ 올리브오일 2작은술
- ☐ 멸치육수(또는 채수) 180㎖
- ☐ 김 1/3장
- ☐ 딸기 60g
- ☐ 소금 0.5g
- ☐ 녹차가루 1g
- ☐ 송송 썬 파 2작은술

- ☐ 후추 약간

RECIPE

1 어린잎채소와 딸기는 씻어 물기를 제거한다. 씻은 딸기는 꼭지를 제거하고 반으로 자른다.

2 청양고추는 얇게 썰고 김은 가늘게 잘라 준비한다.

3 그릇에 어린잎채소와 딸기를 담고 소금과 후추, 올리브오일을 뿌린다.

4 물을 끓인 후 팔팔 끓으면 메밀국수를 넣고 3분 30초 정도 삶아 찬물로 헹군다. 삶은 메밀국수는 물기를 제거하고 그릇에 담는다. 이때 준비한 고명이 있으면 올린다.

5 준비한 멸치육수에 녹차가루를 넣고 희석한다. 이때 차게 먹고 싶으면 미리 밑국물을 준비해 냉장고에 넣어둔다.

6 국수를 담은 그릇에 준비한 녹차물을 붓고 자른 김과 청양고추, 송송 썬 파를 올린다. 준비한 샐러드도 곁들인다.

COOKING TIP

- 건면 기준 30g이며, 국수 제품에 따라 부는 양이 다를 수 있다.
- 볶은 당근과 애호박 또는 국물을 꼭 짜낸 묵은지를 고명으로 올려도 좋다.
- 곁들이는 샐러드 재료는 원하는 과일과 채소의 무게를 합해 100g으로 맞추면 된다.
- 소면에 자극적인 양념장을 넣기보다 밑국물에 간을 잘 맞추면 짜지 않게 먹을 수 있다.

① 누들 샐러드 300g

외식하고 싶을 땐
누들 샐러드

- ☐ 불린 쌀국수 100g(0.3~0.5㎜ 두께, 쌀 함량 90% 이상)
- ☐ 자숙 새우살 30g
- ☐ 양파 20g(작은 크기 1/4개)
- ☐ 치커리 10g(3~4줄)
- ☐ 피시소스 2큰술
- ☐ 매실액 1작은술
- ☐ 방울토마토 50g(3개)
- ☐ 라디치오 15g(1장)
- ☐ 청양고추 5g(1개)
- ☐ 사과 발효식초 2큰술
- ☐ 맛술 1작은술
- ☐ 드레싱 30g
- ☐ 셀러리 20g(1줄)
- ☐ 청상추 10g(2장)
- ☐ 다진 땅콩 2작은술
- ☐ 올리고당 2작은술
- ☐ 생수 1큰술

RECIPE

1 쌀국수 건면은 뜨거운 물에 10분(찬물 1시간) 정도 담가 충분히 불린다. 그런 다음 끓는 물에 넣고 10초간 데쳐 찬물로 곧바로 헹군다. 이때 많이 헹구지 않고 물기를 완전히 제거한다.

2 자숙 새우살은 끓는 물에 넣고 10초 정도 데쳐 곧바로 찬물로 헹군 후 물기를 뺀다.

3 청상추, 라디치오, 치커리는 씻은 후 물기를 털어내고 3㎝ 크기로 듬성듬성 자른다.

4 셀러리는 씻은 후 물기를 제거한다. 잎은 한 잎씩 떼어내고 줄기는 1~2㎝ 폭으로 자른다.

5 양파는 얇게 채를 썰고, 방울토마토는 반을 자른다. 청양고추는 얇게 송송 썬다.

6 믹싱볼에 먼저 쌀국수, 새우살, 드레싱을 넣고 양념이 면에 배도록 살살 버무린다. 그런 다음 준비한 채소와 다진 땅콩을 추가해 빠르게 섞으면서 살살 버무린 후 접시에 담는다.

COOKING TIP

- 자숙 새우살은 이미 익힌 상태이므로 쌀국수와 같이 데치면 된다.
- 만일 셀러리의 줄기가 굵다면 사선으로 얇게 어슷썰기를 한다.
- 기호에 따라 후추, 생강가루, 라임즙, 칠리소스를 추가해도 좋다.

체지방을 쏙 빼는 카테킨 녹차

녹차에는 폴리페놀의 일종인 '카테킨'이 함유되어 있다. '카테킨(Catechin)'은 녹차의 떫은맛을 내는 성분으로 홍차와 우롱차에도 들어 있다. 하지만 홍차나 우롱차의 경우 발효 과정에서 카테킨이 절반 이상으로 줄어든다. 녹차가 항산화 작용을 하며, 체내 콜레스테롤과 혈당을 낮추는 것은 모두 카테킨 성분 때문이다. 카테킨은 녹차 한 잔에 대략 100㎎이 들어 있는데, 특히 항산화 효능은 비타민 C보다 20배 높은 것으로 알려져 있다.

이러한 카테킨의 효능은 발암 억제, 동맥경화와 혈압 상승 억제, 혈전 예방, 항바이러스, 항비만, 항당뇨, 항균, 해독, 소염, 충치 예방, 구갈(입안과 목이 마르면서 물을 많이 먹는 증상) 방지, 장내 세균 정상화, 식중독 예방 등 다양하다. 그중 강력한 활성산소를 제거하는 효과를 가진 카테킨의 항산화 작용은 '저밀도 지단백(LDL)'과 같은 나쁜 콜레스테롤로부터 혈관을 보호한다. 따라서 몸속 나쁜 지방을 비롯해 노폐물까지 청소하는 녹차를 식단에 적용하면 체중 감량 효과와 함께 뱃살을 줄일 수 있다.

다만 녹차는 철의 체내 흡수를 방해해 빈혈이 있는 사람은 주의해야 하며, 간혹 소화불량을 겪는 사람도 있다. 또한 녹차의 강력한 이뇨작용으로 인해 약물의 체내 잔류 시간을 짧게 만들 수 있다. 따라서 약을 복용하는 사람은 1시간 정도 간격을 두고 마시는 것이 좋다. 이외에도 녹차의 각성 작용은 불면증을 야기할 수 있어 수면장애가 있거나 늦은 저녁을 먹을 때는 주의해야 한다.

① 깻잎 녹차물밥 300g

간단한 한 끼, 깻잎 녹차물밥

☐ 밥 80g
☐ 녹차물 : 따뜻한 생수(또는 다시마물) 240㎖, 녹차가루 1~2g
☐ 깻잎 3장 　　　　☐ 구운 명란 1개(맛술 1큰술 뿌려 구운 명란)
☐ 겨자씨 1/4작은술 　☐ 참깨 1/2작은술

RECIPE

1 명란은 그릇에 담아 맛술 1큰술을 뿌린 후 3분 정도 그대로 둔다.

2 예열한 팬에 명란을 올려 약불에서 3분 정도 은근하게 굽는다. 구운 명란은 1.5㎝ 두께로 자른다.

3 씻은 깻잎은 물기를 털어내고 5㎜ 두께로 채를 썬다.

4 따뜻한 생수에 녹차가루를 넣고 푼다.

5 그릇에 밥을 담고 녹차물을 붓는다. 깻잎과 명란을 올리고, 겨자씨와 참깨를 솔솔 뿌린다.

COOKING TIP

• 명란을 구울 때는 기름 없이 약불에서 은근하게 구워야 타지 않는다. 이때 속까지 완전히 익히지 않아도 된다.

• 기호에 따라 적당한 양의 녹차가루를 넣는데, 1회 최대 섭취량은 2g이며 일일 6g을 초과하지 않도록 한다. 또 카페인 성분에 민감한 사람이라면 녹차 대신 다시마물, 멸치육수, 채수 등으로 대체해도 좋다.

• 겨자씨는 생략해도 된다. 김, 절임 채소, 묵은지, 생선살, 건어물 등 다른 고명으로 올려도 좋다.

만능 오트밀 활용법

오트밀은 귀리를 납작하게 눌러 거칠게 부순 가공식품이다. 오트밀의 장점이 알려지면서 체중 감량 시 오트밀을 먹는 사람이 늘었다. 하지만 그중에는 설탕이나 건과일 등 당 함량이 높은 성분을 추가한 제품도 있으므로 설탕 등의 당 함량을 확인한 후 구매한다.

● 오트밀 활용 팁

❶ 뜨거운 물을 붓거나 물을 넣고 끓인 오트밀죽은 밥 대신 먹기 좋다. 특히 차가운 생채소 샐러드가 부담된다면 속을 편안하게 하는 따뜻한 오트밀과 함께 먹는다.

❷ 변비, 설사 등 장 건강이 나빠지거나 소화가 잘 되지 않을 때 따뜻하게 먹으면 도움이 된다.

❸ 요거트를 먹을 때 오트밀을 조금 추가해서 먹는다.

❹ 미역국, 만둣국, 떡국 등 국물 음식을 먹을 때 오트밀을 넣으면 밥 또는 다른 탄수화물 식품의 양을 줄일 수 있다.

❺ 쌈밥을 위한 쌈장을 만들 때 오트밀을 넣으면 짠맛을 중화하고 농도를 맞추기 좋다.

❻ 오트밀죽은 원하는 채소를 추가하는 등 첨가하는 재료에 따라 다양한 음식이 된다.

● 따뜻하게 먹는 토마토 오트밀

재료 : 무첨가 오트밀 25g, 토마토 중간 크기 1개, 생수 240㎖, 바질가루 약간, 올리브오일 1작은술, 소금 0.5g

1 믹서에 토마토와 생수 120㎖를 넣고 곱게 간다.
2 냄비에 간 토마토를 붓고 생수 120㎖, 바질가루를 추가해 중약불에서 끓인다.
3 토마토 물이 끓으면 약불로 맞추고 오트밀과 소금을 넣고 섞는다.
4 오트밀이 부드럽게 퍼지면 불을 끈다.
5 끓인 토마토 오트밀을 그릇에 담고 올리브오일을 끼얹는다.

● 차갑게 먹는 뮤즐리

'뮤즐리'는 납작하게 누른 오트밀용 귀리와 씨앗, 과일, 견과류, 시나몬 파우더, 요거트, 치즈 등을 혼합해 만든 스위스의 아침 식사용 시리얼이다. 주로 차갑게 먹는데, 반나절 정도 냉장고에서 숙성시킨다. 아침 식사용은 잠들기 전 만들어 냉장고에 두고, 저녁 식사용 또는 오후 간식은 아침에 만들어 냉장고에 두면 된다. 또 기호에 따라 다양한 재료로 응용하면 된다.

재료 : 무첨가 오트밀 2큰술, 요거트(또는 아몬드우유) 180㎖(농도 조절 가능), 바나나 1/3개, 블루베리 7알, 아몬드(또는 호박씨, 해바라기씨 등) 7알, 시나몬 파우더 약간

1 뚜껑이 있는 1회분 보관 용기에 오트밀, 블루베리, 아몬드, 시나몬 파우더를 넣는다.
2 바나나를 으깨서 넣고 요거트를 붓는다.
3 재료를 골고루 섞은 후 뚜껑을 덮어 냉장고에 넣는다.
4 오트밀이 부드럽게 퍼지도록 냉장고에서 6시간 이상 둔다.

1회 제공량 40g 기준		칼로리 150kcal
우유를 넣고 끓인 오트밀죽 30g		2GL
탄수화물 27g		
식이섬유소 4g	수용성 식이섬유소 2g	불용성 식이섬유소 2g
당류 1g		
나트륨 0mg		
콜레스테롤 0mg		
총 지방 2.5g		
트랜스지방 0g	포화지방 0.5g	
다가 불포화지방 1g	단일 불포화지방 1g	
단백질 5g	비타민 B6 1.12mg	칼슘 18mg
철분 1.4mg	칼륨 127mg	

따끈한 국물이 생각날 땐, 채소 수프 한 그릇

두부 케일 수프

十 재료(3인분)

- [ ] 케일 9장(50g)
- [ ] 팽이버섯 1봉(150g)
- [ ] 두부 1/2모(170g)
- [ ] 다진 마늘 1작은술
- [ ] 생수 740㎖
- [ ] 아보카도오일 1큰술
- [ ] 소금 1/2작은술
- [ ] 후추 약간
- [ ] 레몬즙 1작은술

1 • 케일은 씻어 물기를 털어내고 0.5~1㎝ 폭으로 채를 썬다.

 • 팽이버섯은 밑동을 자른 후 씻어 물기를 털고 2㎝ 길이로 자른다.

2 냄비에 아보카도오일을 두르고 약불로 조절한 후 다진 마늘을 넣고 1분간 볶다가 생수 740㎖를 붓고 중불에서 끓인다.

3 끓으면 약불로 줄이고 팽이버섯과 씻은 두부를 으깨서 넣는다.

4 소금과 후추로 간을 맞춘 후 저으면서 1분 정도 더 끓인 후 불을 끈다.

5 뜨거울 때 채 썬 케일과 레몬즙을 넣고 섞은 후 그릇에 담는다.

시금치 오트밀 수프

＋ 재료(3인분)

- ☐ 시금치(길이가 짧고 연한 것) 130g
- ☐ 당근 5㎝ 길이 1토막
- ☐ 사과 1/2개(중간 크기)
- ☐ 납작 귀리(오트밀용) 3큰술
- ☐ 다진 마늘 1작은술
- ☐ 생수 860㎖
- ☐ 아보카도오일 2큰술
- ☐ 소금 1작은술
- ☐ 후추 약간
- ☐ 레몬즙 1작은술

1 • 시금치는 씻어 물기를 털어내고 먹기 좋게 3㎝ 간격으로 듬성듬성 자른다.

 • 당근은 굵게 다지고 사과는 1㎝ 크기의 네모로 잘게 썬다.

2 냄비에 아보카도오일을 두르고 약불에서 다진 마늘과 당근을 1분간 볶다가 생수 860㎖를 붓고 중불에서 끓인다.

3 물이 끓으면 약불로 줄이고 당근이 완전히 익을 때까지 약불에서 천천히 저으면서 끓이다가 소금과 후추로 간을 맞춘 다음 납작 귀리를 넣고 더 끓인다.

4 납작 귀리가 알맞게 풀어지면 불을 끄고 뜨거울 때 준비한 시금치와 사과, 레몬즙을 넣고 섞은 후 그릇에 담는다.

음식을 통해 섭취한 좋은 당분은
뇌의 연료로 쓰인다.
맹목적으로 탄수화물 식품을 거부하는
식습관의 오류에서 벗어나자.

PART 3

샐러드 식판식을 위한 활용 레시피!
한 끼 샐러드

Low GL 한 끼 샐러드 포인트

7GL의 탄수화물 1회분

건조 분량 40~60g
조리한 분량 60~80g

귀리·퀴노아·렌틸콩·카무트 등의 슈퍼 곡물,
통곡물 빵·시리얼,
면·파스타 중 1가지
또는 녹말 채소

● 한 끼 7GL 대체 탄수화물로
꼭 주의해야 할 녹말 채소의 양

① 감자 1회분 70g(작은 크기로 3개)
② 고구마 1회분 60g(중간 크기로 1/2개)
③ 마 1회분 80g

**3GL의 채소 1회분
200g**

진한 녹색 채소(브로콜리, 시금치 등),
잎채소(상추 외 모든 쌈채소, 양상추 등),
뿌리채소, 그린빈, 완두콩, 고추,
피망, 파프리카, 토마토 중
2가지 이상 혼합 섭취

● 필수지방 섭취

견과류나 씨앗류(참깨, 검은깨, 해바라기씨,
호박씨 등) 또는
식물성 100% 압착 기름(들기름,
올리브오일, 아보카도오일 등)을
드레싱 또는 토핑으로 섭취 권장

단백질 최대 1회분

(단백질 1회 최대 제공량 20g을
넘지 않고 탄수화물을 고려한 섭취량)

닭 가슴살 86g, 달걀 169g(중간 크기 2개)
부드러운 두부 200g, 콩고기 3큰술
굴 182g, 새우 6마리(큰)
연어와 대구 35g(작은 토막)
고등어 50g(중간 토막)

▶ 소고기, 돼지고기, 닭고기의
단백질 20g 제공량에 따른
1회분 섭취량 확인

● 하루 중 꼭 먹어야 할 식품

① 퀴노아 등의 슈퍼 곡물,
콩류, 렌틸콩, 두부, 씨앗류
중 최소 2가지 이상

② 감귤류, 사과, 배, 멜론 중
1가지 과일(1회 1/4개)

③ GL지수가 낮은 베리류 과일

뱃살을 줄이는 샐러드란?

↓

소화를 돕는 채소의 천연 효소를 그대로 섭취

채소에는 씹을 때 소화를 돕는 효소가 들어 있다.
특히 익히지 않은 채소에는 중요한 식물 화학물질(Phytochemicals)이 가득하다.
다만 음식을 조리하면 효소가 파괴되어 식물 화학물질의 활성이 감소한다.

↓

신선한 채소의 소화효소를 그대로 섭취할 수 있고
양껏 먹을 수 있는 Good Food!

Low GL 한 끼 샐러드로 식단 관리

Low GL 한 끼 샐러드를 먹으면 탄수화물, 양질의 단백질, 신선한 채소의
영양소를 골고루 섭취해서 좋고, 식단도 자동 관리된다.
특히 어떤 식재료를 얼마나 먹는지
한눈에 볼 수 있어 더 좋다.

↓

영양의 균형을 맞춰 혈당 관리가 쉽고
낮은 GL이라 뱃살 걱정 없는 Good Food!

빼놓기 쉬운 필수지방 식품을 드레싱과 토핑으로 섭취
다양한 컬러의 채소와 과일을 먹어 항산화 식품 자동 섭취

↓

하루에 한 번 적용!

올리브오일은 정말 좋은 지방일까?

● 올리브오일의 지방
식물성 지방을 섭취할 수 있는 올리브오일의 지방 구성 비율은 대략 포화지방이 15%, 다가불포화지방이 11%, 단가불포화지방이 74%이다. 그중 11%인 다가불포화지방의 비율은 오메가 3가 7%이며, 오메가 6가 93%이다. 74%의 단일 불포화지방은 오메가 9의 일종인 올레산이다. 이 올레산이 다량 함유된 이유로 올리브오일의 지방을 '단가불포화지방'이라고 하는데 단가불포화지방은 상온에서는 액체 상태를 유지하나 냉장 보관하면 굳는다.

● 올리브오일의 장점
올리브오일은 참기름, 콩기름 등 다른 식물성 지방과 비교해 인체에 염증을 유발하는 오메가 6의 함유량이 현저히 낮아 항염증, 항산화, 항균 작용을 해 인체 내 면역기능을 증강시킨다. 이 외에도 올리브오일에는 산화 방지 역할을 하는 비타민 E와 폴리페놀도 다량 함유되어 있다. 특히 올리브오일은 혈액의 흐름을 원활하게 해 혈전을 방지하고 혈관 속 노폐물이 쌓이지 않도록 조절한다. 무엇보다 호르몬의 분비를 정상화시켜 인체의 노화를 늦춘다. 이를 통해 올리브오일은 우리 몸에 유익한 고밀도 콜레스테롤을 높여 혈액 순환을 좋게 한다.

● 최고의 품질
올리브오일의 원료인 올리브 나무는 성장 속도가 느린 대신 수명이 길고 종류만 대략 100여 가지가 있다. 올리브오일의 향과 맛이 각각 다른 이유도 다양한 종류의 품종 때문이다. 최고 등급의 올리브오일은 생과육을 수확한 지 24시간 내에 압착한 것으로 초록빛이 짙고 산도가 낮을수록 최상의 품질로 친다.

● 올리브오일 먹는 방법
압착한 엑스트라 버진 등급은 열을 가하지 않고 생으로 먹는 것이 가장 좋다. 따라서 채소 등에 뿌려 먹거나 나물을 무칠 때 넣고 버무리면 된다. 열을 가하지 않고 생과육을 압착한 엑스트라 버진 등급의 올리브오일을 꾸준히 섭취할 경우 세포의 산화 방지 및 혈액 내 유해 콜레스테롤을 줄일 수 있다. 즉 신선한 올리브오일을 꾸준히 섭취하면 유해한 물질로부터 신체를 보호할 수 있다.

● 올리브오일 구매 요령 및 보관법
올리브오일은 불투명한 유리병에 담긴 제품으로 구매하고, 보관할 때는 선선하고 그늘진 어두운 곳에 두는 것이 좋다. 올리브오일을 차가운 냉장고에 보관하면 덩어리로 굳고, 온도가 높거나 온도의 변화가 심한 곳에서 보관하면 맛과 향이 변질되며 산패되기 쉽다. 따라서 큰 용량의 제품보다는 짧은 기간에 빨리 먹을 수 있는 용량으로 구매하도록 한다.

Choice 6

칼로리 걱정 없는
한 끼 샐러드
드레싱

자극적이고 강한 맛에 길들여질수록
체중조절에 실패하기 쉽다.
심플한 조합의 드레싱과 양념은 식탐으로부터 자유롭게 만든다.

제시한 드레싱의 1회분 양은 맛과 GL 지수를 고려한 분량이다.
샐러드 재료의 양에 따라 드레싱 양을 조절해도 된다.

올리브오일 드레싱

올리브 드레싱

GL : 1

+ **1회분 재료**
  - ☐ 블랙올리브 1알
  - ☐ 올리브오일 2큰술
  - ☐ 레몬즙 2큰술
  - ☐ 소금 1g
  - ☐ 후추 약간

+ **만드는 법**
  1 블랙올리브를 곱게 다진다.
  2 볼에 다진 올리브, 올리브오일, 레몬즙, 소금과 후추를 분량대로 넣고 섞는다.

+ **사용 팁**
  시금치 샐러드, 돼지호박(주키니) 샐러드, 토마토 샐러드, 소고기 샐러드

라임 드레싱

GL : 0.5

+ **1회분 재료**
  - ☐ 라임즙 2큰술
  - ☐ 올리브오일 2큰술
  - ☐ 소금 1g
  - ☐ 마늘 1개
  - ☐ 후추 약간

+ **만드는 법**
  1 마늘 1개를 칼로 곱게 다진다.
  2 볼에 올리브오일, 라임즙, 다진 마늘, 소금과 후추를 분량대로 넣고 섞는다.

+ **사용 팁**
  루콜라 샐러드, 해산물 샐러드, 닭고기 샐러드

허브 드레싱

GL : 1

+ **1회분 재료**
  - ☐ 건조 바질 1/4작은술
  - ☐ 건조 파슬리 1/4작은술(또는 생파슬리 다진 것 1/2작은술)
  - ☐ 레드 페퍼(또는 고춧가루) 1/4작은술
  - ☐ 올리브오일 2큰술
  - ☐ 라임즙(또는 레몬즙) 2큰술
  - ☐ 소금 1g
  - ☐ 후추 약간

+ **만드는 법**
  볼에 모든 재료를 분량대로 넣고 잘 섞는다.

+ **사용 팁**
  토마토 샐러드, 해산물 샐러드, 돼지고기 샐러드, 파스타 샐러드

몸이 원하는 지방 섭취의 황금비율

지방의 이상적인 섭취 비율은?

음식의 전체 칼로리 중 20% 이하로 섭취한다.

20% 지방 섭취의 황금비율은?

섭취하는 전체 지방 20% 중

포화지방 6%

다가불포화지방 7%

이때 다가불포화지방은 **오메가 3와 오메가 6 지방**이며
오메가 3와 오메가 6의 환상적인 섭취 비율은 **1:1**이다.
최대 1:4 까지는 괜찮다.

단가불포화지방 7%

● 지방은 지방산과 글리세롤이 결합된 화학물질이다. 지방산 분자는 탄소 원자가 적게는 3개부터 많게는 27개까지 결합된 탄소 사슬이 있다. 지방의 긴 탄소 사슬을 구성하는 탄소 원자들끼리의 결합이 모두 단일 결합인 지방을 '포화지방'이라 하며, 탄소 원자들끼리의 결합에 하나 이상의 이중 결합이 포함된 지방을 '불포화지방'이라 한다. 결국 지방 앞에 붙는 포화와 불포화의 의미는 탄소 간 이중 결합의 존재 여부를 알려주는 것이다.

● 불포화지방은 이중 결합이 한 개 이상 존재해야 한다. 한 개만 존재하면 '단가불포화지방'이라 하며, 한 개 이상은 '다가불포화지방'이라 한다.

● 단가불포화지방에는 올리브오일의 올레산이 대표적이다. 올레산은 오메가 9의 일종이기도 하다. 오메가 9은 지방산의 9번째 탄소에서 탄소 원자들끼리의 공통적인 이중 결합을 가지고 있어 붙여진 이름이다.

● 대부분의 지방을 함유한 식품에는 포화지방과 불포화지방이 모두 포함되어 있다. 다만 식품에 따라 포화지방이나 불포화지방의 비율이 더 높거나 낮을 뿐이다. 가령 올리브오일의 경우 지방 구성 비율은 대략 포화지방이 15%, 다가불포화지방이 11%, 단가불포화지방(올레산)이 74%이다.

대다수 사람들의 오메가 3와 오메가 6의 섭취 비율은 1:20 정도이다.
이 비율을 1:1 혹은 2:1로 바꿔야 건강해진다.

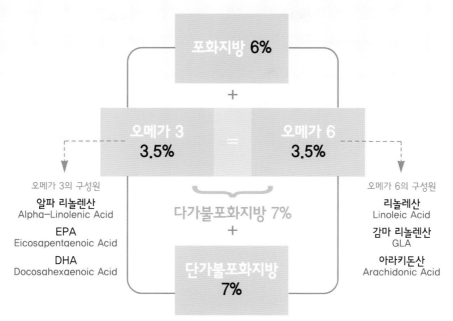

오메가 3의 구성원
알파 리놀렌산
Alpha-Linolenic Acid
EPA
Eicosapentaenoic Acid
DHA
Docosahexaenoic Acid

오메가 6의 구성원
리놀레산
Linoleic Acid
감마 리놀렌산
GLA
아라키돈산
Arachidonic Acid

▶ 오메가 3 주의할 점 : 조리, 열, 빛, 산소, 식품 가공에 의해 더 잘 손상된다. 예를 들어 생선을 튀기거나 씨앗을 구우면 오메가 3 지방의 일부가 손상된다.

▶ 오메가 3 비율이 높은 음식 : 들깨, 들기름, 호박씨, 호박씨유, 등푸른 생선, 차가운 물에 사는 생선, 오메가 3 사료를 먹인 달걀

▶ 오메가 6 주의할 점 : 우리가 먹는 대부분의 음식에 오메가 6가 들어 있으므로 섭취 시 오메가 3에 더 집중한다.

▶ 아라키돈산은 필수지방이지만, 과잉 섭취 시 염증 유발과 감염의 위험을 증가시킬 수 있다.

▶ 감마 리놀렌산(GLA)은 아라키돈산으로 인한 염증과 감염을 줄일 수 있는 항염 물질을 일부 제공한다.

▶ 오메가 6 비율이 높은 음식 : 참깨, 참기름, 식용유(포도씨유, 해바라기씨유, 콩기름, 옥수수유, 카놀라유 등), 호두, 해바라기씨, 홍화씨, 달맞이꽃 종자유, 보리지오일, 블랙커런트씨, 대두, 흰 강낭콩, 육류, 우유, 유제품 등

● 단가불포화지방과 다가불포화지방의 차이는 온도에서 확연해진다. 올리브오일을 포함한 단가불포화지방은 일반적인 상온에서는 액체 상태이지만, 냉장이나 낮은 온도에서는 굳는다. 반면 오메가 3와 오메가 6 지방 및 다른 다가불포화지방은 더 낮은 온도에서도 액체 상태를 유지한다.

와인 식초 오일 드레싱

- ☑ 올리브오일 1작은술
- ☐ 레드와인 식초 2큰술
- ☐ 소금 0.7g
- ☐ 후추 약간

타불레 기본 드레싱

- ☐ 올리브오일 1큰술
- ☐ 라임즙 또는 레몬즙 1큰술
- ☐ 소금 1g

바질 오일 드레싱

- ☐ 올리브오일 1큰술
- ☐ 사과식초 1큰술
- ☐ 바질가루 1/2작은술
- ☐ 소금 1g
- ☐ 후추 약간

참깨 드레싱

- ☐ 참기름 2작은술
- ☐ 쯔유 1작은술
- ☐ 간장 1작은술
- ☐ 현미식초 2작은술
- ☐ 참깨 2작은술

갈릭 오일 드레싱

- ☐ 올리브오일 1큰술
- ☐ 라임즙 1큰술
- ☐ 소금 1g
- ☐ 후추 약간
- ☐ 갈릭 파우더 1/2큰술

레드 페퍼 드레싱

- ☐ 올리브오일 1큰술
- ☐ 라임즙 1큰술
- ☐ 소금 1g
- ☐ 후추 약간
- ☐ 레드 페퍼 1작은술

아보카도 스프레드

+ 1회분 재료
- [ ] 아보카도 1개(과육 130g)
- [ ] 라임즙(또는 레몬즙) 2큰술
- [ ] 소금 1g
- [ ] 후추 약간

+ 만드는 법

1 아보카도는 반으로 잘라 가운데 씨를 빼내고 숟가락으로 과육을 떠서 볼에 담는다.

2 포크나 으깨는 도구로 아보카도 과육을 다지듯 으깬다.

3 라임즙, 소금, 후추를 분량대로 넣고 잘 섞는다.

+ 쿡 팁

아보카도 스프레드의 농도는 라임즙, 생수, 요거트 또는 우유로 조절한다. 되직함이 좋다면 라임즙 1큰술, 다소 부드러운 농도를 선호한다면 라임즙 2~3큰술을 넣는다. 만일 신맛을 싫어한다면 라임즙과 생수·우유·요거트 중에서 선택해 적절한 비율로 섞으면 된다.

샐러드 드레싱으로 활용할 때는 아보카도 1/2개, 라임즙 2큰술, 요거트 3큰술, 소금 1/3작은술이 적당하다.

아보카도로 스프레드나 드레싱을 만들 때는 과육이 말랑한 것을 사용하는 것이 좋다. 만일 딱딱한 과육 상태라면 냉장고에 두고 숙성시키면 말랑해진다.

과육이 말랑한 아보카도의 씨는 쉽게 제거되지만 딱딱한 아보카도를 손질할 때는 각별히 주의해야 된다. 먼저 아보카도를 세로 방향으로 돌려가며 겉면에서부터 깊숙이 칼집을 낸다. 그런 다음 한손에 아보카도를 올리고 다른 손으로 아보카도를 덮는다. 손의 힘을 이용해 아보카도의 위아래를 반대 방향으로 돌리면 된다.

아보카도의 껍질을 깎은 후 딱딱한 과육은 얇게 썰어 샐러드에 넣고, 말랑한 과육은 스푼으로 떠서 넣는다.

요거트 마요네즈

GL : 2

＋ 1회분 재료
- ☐ 무설탕 플레인 요거트 1팩(80g)
- ☐ 마요네즈 1큰술
- ☐ 라임즙(또는 레몬즙) 2큰술

＋ 만드는 법　볼에 플레인 요거트, 마요네즈, 라임즙을 분량대로 넣고 잘 섞는다.

＋ 사용 팁　아보카도 샐러드, 과일 샐러드, 연어 샐러드, 그래놀라 샐러드

오이 딜 마요네즈

GL : 2.5

＋ 1회분 재료
- ☐ 굵게 다진 오이 2큰술
- ☐ 건조 딜(또는 건조 허브 중 선택) 1/3작은술
- ☐ 무설탕 플레인 요거트 3큰술
- ☐ 마요네즈 1/2큰술
- ☐ 라임즙(또는 레몬즙) 1큰술
- ☐ 소금 0.3g

＋ 만드는 법
1. 볼에 오이, 말린 딜과 소금을 분량대로 넣고 버무린다.
2. 플레인 요거트, 마요네즈, 라임즙을 **1**에 분량대로 넣고 잘 섞는다.

＋ 사용 팁　새싹 샐러드, 어린잎 샐러드, 브로콜리 샐러드, 새우 샐러드, 연어 샐러드

두부 마요네즈

GL : 2.5

＋ 1회분 재료
- ☐ 연두부(또는 순두부) 큼직하게 3큰술
- ☐ 참깨 1/2작은술
- ☐ 마요네즈 1.5큰술
- ☐ 라임즙(또는 레몬즙) 2큰술
- ☐ 소금 0.3g

＋ 만드는 법　믹서에 연두부, 참깨, 마요네즈, 라임즙, 소금을 넣고 간다.

＋ 사용 팁　새싹 샐러드, 뿌리채소 샐러드, 오이 샐러드, 낫토 샐러드, 콩 샐러드

소이 오일 드레싱

- ☑ 올리브오일 1큰술
- ☐ 레드와인 식초 1.5큰술
- ☐ 간장 1/2큰술
- ☐ 소금 0.3g

연겨자 드레싱

- ☐ 참기름 1작은술
- ☐ 현미식초 1작은술
- ☐ 레몬즙 1큰술
- ☐ 올리고당 1작은술
- ☐ 연겨자 1작은술
- ☐ 소금 1g

레몬 오일 드레싱

- ☐ 올리브오일 2큰술
- ☐ 레몬즙 2큰술
- ☐ 소금 1g
- ☐ 후추 약간

이탈리안 드레싱

- [ ] 올리브오일 3큰술
- [ ] 발사믹 식초 1.5큰술
- [ ] 레몬즙 1/2큰술
- [ ] 파슬리가루 1/3큰술
- [ ] 소금 0.8g
- [ ] 후추 약간

오리엔탈 드레싱

- [ ] 참기름 1작은술
- [ ] 쯔유 1작은술
- [ ] 간장 1큰술
- [ ] 사과식초 2큰술
- [ ] 연겨자 1작은술
- [ ] 유자청 1작은술
- [ ] 후추 약간

소이 드레싱

- [ ] 올리브오일 1/2큰술
- [ ] 참기름 1/2큰술
- [ ] 현미식초 1큰술
- [ ] 간장 2/3큰술
- [ ] 올리고당 1/2큰술
- [ ] 참깨 1/2큰술
- [ ] 생수 1큰술

169

뱃살의 근본 원인 6가지 High GL 탄수화물 식품

뱃살의 근본 원인인 탄수화물의 적절한 섭취를 위해
당부하지수가 높은 6가지 High GL 탄수화물 식품의 섭취를 피해야 한다.

정제 탄수화물 식품
흰색 탄수화물 식품
잘게 부순 탄수화물 식품
지나치게 푹 익힌 탄수화물 음식
고온에서 기름에 튀긴 탄수화물 음식
설탕을 첨가한 탄수화물 음식

뱃살이 찐 사람은 혈당 조절에 문제가 발생한 상태이다.
즉, 혈당 조절 능력에 문제가 발생한 사람이 아침 식사를 굶으면
GL 지수가 높은 High GL의 음식을 점심으로 선택하게 되거나 폭식으로 이어진다.
또 점심 식사 전에 설탕 음료나 달달한 간식, 기름진 음식 등을 찾기도 한다.

▶ 당부하지수가 10을 넘지 않는 4가지 Low GL 탄수화물 아침 식사

① 시리얼 식단 : 무설탕 통곡물 시리얼 + 아몬드 우유 또는 두유 + 베리류 과일 + 씨앗류
② 주스 식단 : 셀러리 + 양배추 + 사과 + 생수 + 올리브오일
③ 요거트 식단 : 무설탕 요거트 + 과일 + 씨앗류
④ 달걀 식단 : 삶은 달걀 또는 수란 + 통곡물 빵 + 올리브오일 + 녹색 채소
⑤ 오트밀 식단 : 무설탕 무첨가 죽 형태의 오트밀 + 멸치 씨앗 조림 + 십자화과 채소

GL 지수 5에 해당하는 시리얼과 양

| 무설탕 귀리 플레이크 | 60g | 무설탕 뮤즐리 | 20g |
| 무설탕 통곡물 시리얼 | 30g | 무설탕 콘플레이크 | 15g |

GL 지수 5에 해당하는 과일과 양

딸기	큰 팩 1개	배	중간 크기 1개
체리	작은 팩 1개	사과	작은 크기 1개
복숭아	작은 크기 1개	바나나	1/2개 미만

GL 지수 5에 해당하는 요거트

무설탕 플레인 요거트	작은 용기 2팩(300~330g)
무설탕 무지방 요거트	작은 용기 2팩(300~330g)
과일과 설탕이 든 저지방 요거트	작은 용기 1팩 미만(100g)

170

Choice 7

샐러드 식단의 시작
잎채소
샐러드

건강하게 체중을 감량하고 싶다면
다양한 종류의 식이섬유소를 섭취하는 것이 중요하다.
밥과 함께 먹기 좋은 잎채소로 샐러드 식단을 시작하자.

모둠 쌈채소 샐러드

十 재료
- [ ] 꽃상추 2장
- [ ] 청상추 4장
- [ ] 적상추 5장
- [ ] 오크립 4개
- [ ] 레드 치커리 4장
- [ ] 케일 2장
- [ ] 적겨자 2장
- [ ] 적근대 2장
- [ ] 깻잎(작은 크기) 6장

十 토핑
- [ ] 검은깨 1/2작은술
- [ ] 참깨 1/2작은술

十 드레싱
- [ ] 다진 마늘 1작은술
- [ ] 다진 청양고추 1작은술(생략 가능)
- [ ] 피시 소스 1/2작은술
- [ ] 라임즙 2작은술
- [ ] 식초 1작은술
- [ ] 올리고당 1작은술

RECIPE

1 넓은 볼에 찬물을 넉넉히 담고 식초 1~2방울을 희석해 쌈채소를 5분간 담가둔다. 쌈채소를 2회 더 헹군 후 물기를 털어낸다.

2 씻은 쌈채소는 먹기 좋게 자른다.

3 볼에 분량대로 드레싱 재료를 넣고 잘 섞어 드레싱을 만든다.

4 접시에 준비한 쌈채소를 골고루 섞어 담고 참깨와 검은깨를 뿌린 후 드레싱을 곁들인다.

COOKING TIP

- 드레싱에 넣을 다진 마늘과 다진 청양고추는 살짝 익혀도 좋다. 소스용 작은 팬에 물 1작은술을 넣고 중불에서 살짝 익힌 후 식힌다. 그런 다음 나머지 드레싱 재료를 넣고 섞는다.
- 쌈채소를 드레싱으로 버무리지 않고 먹을 때 조금씩 뿌려서 먹으면 좀 더 생생한 식감의 샐러드를 먹을 수 있다.

GL : **5.5**

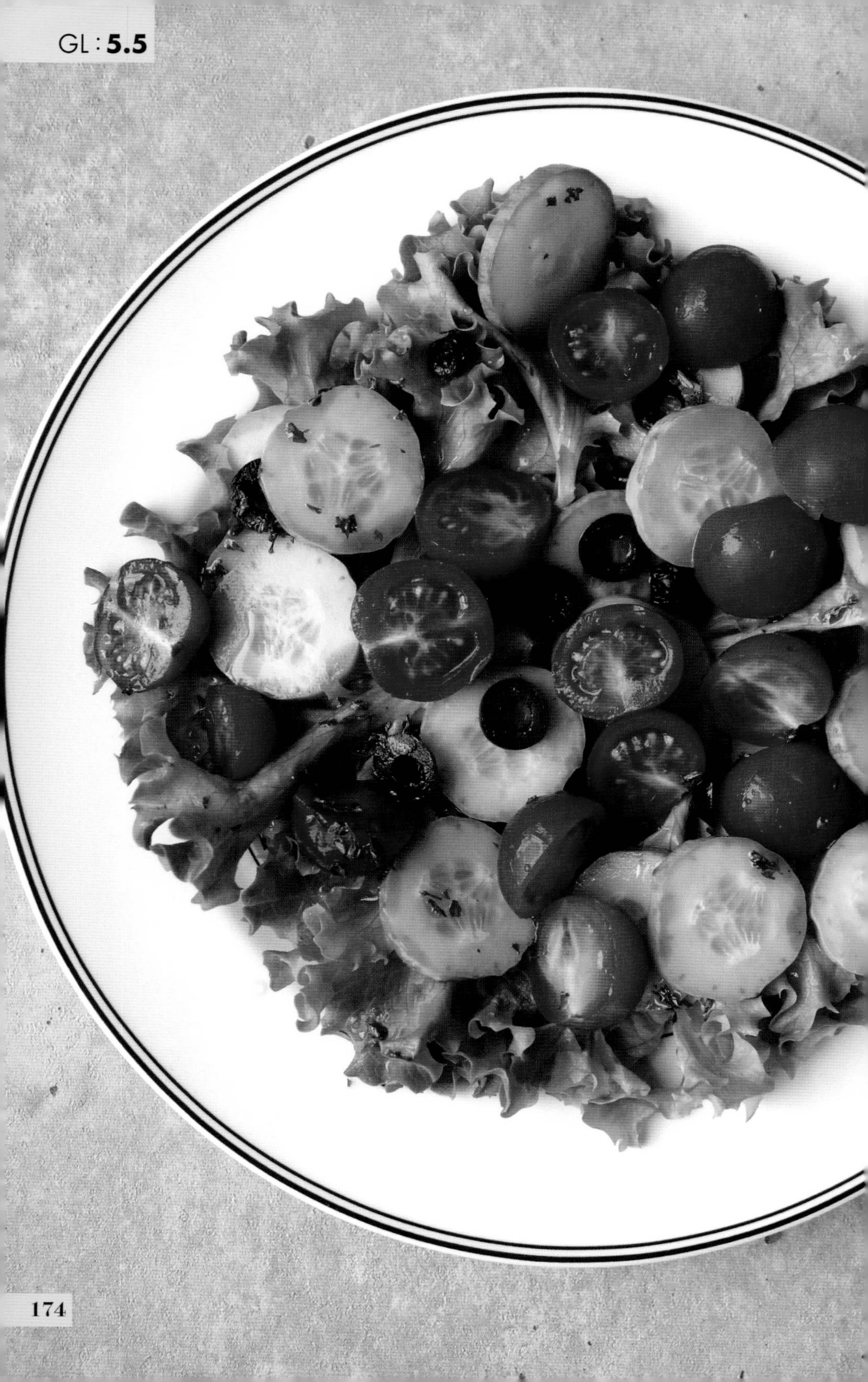

이자벨 오이 샐러드

+ 재료
- [ ] 이자벨 100g
- [ ] 오이 70g(1/3개)
- [ ] 블랙올리브 5알

+ 토핑
- [ ] 건 블루베리 1큰술
  (당절임 2GL, 무설탕 1GL)

+ 드레싱
- [ ] 올리브오일 2큰술
- [ ] 레몬즙 1큰술
- [ ] 파슬리가루 1/4큰술
- [ ] 소금 1g

RECIPE

1 이자벨은 흐르는 물에 씻어 꼭지를 제거한 뒤 찬물에 3분 정도 담가둔다. 물기를 털어내고 잎이 큰 것은 한입 크기로 찢는다.

2 오이는 겉면 가시를 제거하고 굵은 소금으로 겉면을 문질러 흐르는 물에 깨끗하게 씻는다. 씻은 오이는 3㎜ 두께로 얇게 썬다.

3 블랙올리브를 3등분으로 저민다.

4 분량대로 드레싱을 만든다.

5 접시에 이자벨과 오이를 담고, 블랙올리브를 올린다. 건 블루베리를 뿌린 후 드레싱을 끼얹는다.

COOKING TIP

병조림 올리브 중 가장 덜 짠 것이 블랙올리브이다. 반면 씨를 제거해 빨간 피망으로 속을 채운 스터프트 올리브는 짠맛이 강하다. 또한 씨가 있는 것이 없는 것보다 덜 짜다.

로메인, 치커리&적근대 샐러드

+ 재료
- [ ] 로메인 70g
- [ ] 치커리 30g
- [ ] 적근대 30g

+ 토핑
- [ ] 리코타 치즈 30g(1.5GL)

+ 드레싱
- [ ] 올리브오일 2큰술
- [ ] 레몬즙 1/2큰술
- [ ] 유자청 1.5큰술
- [ ] 소금 1g

RECIPE

1 로메인은 꼭지를 잘라내고 한 장씩 흐르는 물에 씻어 물기를 털어낸다. 한입 크기가 되도록 3~4㎝ 폭으로 자른다.

2 치커리와 적근대도 흐르는 물에 씻어 물기를 털어낸 다음 3~4㎝ 한입 크기로 자른다.

3 볼에 드레싱 재료를 넣고 섞은 다음 채소를 넣고 버무린다.

4 접시에 버무린 채소를 담고 리코타 치즈를 스푼으로 떠서 채소 위에 올린다.

COOKING TIP

리코타 치즈와 비슷한 코티지 치즈는 집에서 쉽게 만들 수 있다.
냄비에 우유와 생크림(생크림 생략 가능)을 2:1 비율로 담은 후 중불에서 끓인다.
거품이 나기 시작하면 소금과 레몬즙을 넣고 몽글몽글해지게 끓인다.
더 이상 덩어리가 생기지 않으면 불을 끄고 한 김 식힌 후 면보에 내려 물기를 뺀다.
면보를 한 번 더 꼭 짜내고 식히면 홈메이드 코티지 치즈를 맛볼 수 있다.

GL : 5

COOKING TIP

어린잎채소에는 비타민, 무기질 등의 영양분이 풍부하고, 영양소의 흡수율도 높다.
그러나 쉽게 시들거나 물러질 수 있어 보관에 주의해야 한다. 씻은 어린잎채소를 체에 담아
물기를 빼고, 키친타월이나 야채 탈수기로 최대한 수분을 제거한다.
보관 시에는 밀폐용기에 키친타월을 한 장 깔고 어린잎채소를 담은 다음 키친타월 한 장으로
덮고 뚜껑을 닫아주면 좀 더 오랫동안 신선도를 유지할 수 있다.

어린잎 비타민 샐러드

+ 재료
- [ ] 모둠 어린잎채소 40g
- [ ] 비타민 70g

+ 토핑
- [ ] 생모차렐라 치즈 40g(2.5GL)

+ 드레싱
- [ ] 올리브오일 3큰술
- [ ] 발사믹 식초 1큰술
- [ ] 레몬즙 1/2큰술
- [ ] 파슬리가루 1/3큰술
- [ ] 소금 0.8g
- [ ] 후추 약간

RECIPE

1 비타민은 꼭지를 자르고 한 잎씩 흐르는 물에 씻어 물기를 털어낸다.

2 모둠 어린잎채소는 체에 담아 흐르는 물에 씻어 물기를 뺀다.

3 생모차렐라 치즈는 사방 1.5㎝ 크기의 큐브 모양으로 썬다.

4 분량대로 드레싱을 만든다.

5 접시에 비타민과 모둠 어린잎채소를 섞어서 담고, 생 모차라렐라 치즈를 올린 후 드레싱을 끼얹는다.

양상추 라디치오 샐러드

+ 재료
- [ ] 라디치오 50g
- [ ] 양상추 100g(1/6통)
- [ ] 방울토마토 6개(3GL)

+ 토핑
- [ ] 모둠 견과류 30g(1GL, 땅콩 50g은 1GL)

+ 드레싱
- [ ] 올리브오일 2큰술
- [ ] 올리고당 1/2큰술
- [ ] 식초 1큰술
- [ ] 연겨자 1/2큰술
- [ ] 소금 1g

RECIPE

1 양상추는 심지를 빼내고 흐르는 물에 한 장씩 씻어 한입 크기로 찢는다.

2 라디치오는 한 장씩 떼서 흐르는 물에 씻고, 한입 크기로 찢는다.

3 방울토마토는 꼭지를 떼어내고 흐르는 물에 씻는다. 씻은 토마토는 2등분 또는 4등분으로 썬다.

4 견과류는 굵게 다지고, 분량대로 드레싱을 만든다.

5 접시에 양상추와 라디치오를 담고, 방울토마토를 올린다. 다진 견과류를 뿌리고 드레싱을 끼얹는다.

COOKING TIP

양상추는 가운데 심지를 안으로 꾹 눌러서 빼고, 잎은 흐르는 물에 씻어 뒤집어두면 쉽게 물기를 뺄 수 있다. 또한 양상추를 다듬을 때는 칼을 사용하지 않고 손으로 찢어야 변색을 막을 수 있다.

청상추,
적겨자&루콜라 샐러드

+ 재료
- ☐ 루콜라 20g
- ☐ 청상추 40g
- ☐ 적겨자 40g
- ☐ 그린올리브 5알

+ 드레싱
- ☐ 올리브오일 2큰술
- ☐ 레몬즙 2큰술
- ☐ 소금 0.3g
- ☐ 후추 약간

+ 토핑
- ☐ 페타 치즈 30g(2GL)

RECIPE

1 루콜라는 2회 씻은 후 찬물에 담갔다가 물기를
털어내고 2~3등분으로 자른다.

2 청상추와 적겨자는 한 잎씩 흐르는 물에 씻어
물기를 턴다. 3~4cm 폭으로 자른다.

3 그린올리브는 3등분으로 썰고, 페타 치즈는 으깬다.

4 분량대로 드레싱을 만든다.

5 접시에 청상추, 적겨자, 루콜라를 섞어 담는다.
그린올리브와 으깬 페타 치즈를 올리고 드레싱을
끼얹는다.

COOKING TIP

페타 치즈는 양유를 원액으로 소금물에 담가둔 채
숙성시켜 만들기 때문에 짭조름하다. 만약 염분이
부담된다면 우유에 담갔다가 사용하면 짠맛이
중화된다. 레몬즙이나 발사믹 식초에 올리브오일을
더해 채소와 페타 치즈 자체의 맛을 즐기는 것이 좋다.

컬러 푸드의 숨은 진가

우리가 수많은 오염원을 피하기 위해 할 수 있는 일 중 가장 현명한 행동은 항산화 식품을 먹는 것이다. 항산화 식품은 오염된 환경에서 살고 있는 우리에게 꼭 필요한 해독제이기 때문이다. 산화성이 강한 오염 물질과 인체의 세포 손상을 촉발할 수 있는 매우 불안정한 분자인 활성산소에 대한 해독제 역할을 한다. 만일 항산화 식품을 충분히 보충하지 않는다면 두뇌와 인체에 지속적으로 해를 끼칠 수 있으며, 인체의 노화가 빠르게 진행될 것이다. 특히 뱃살로 인해 생길 수 있는 성인병 예방의 목적으로 항산화 식품을 꾸준히 섭취하는 것은 어떤 노력보다 중요하다. 무엇보다 다양한 컬러의 과일과 채소에는 신체 나이를 젊게 만드는 항노화 성분도 함유되어 있다. 따라서 왜 매일 다양한 색의 과일과 채소를 먹어야 하는지 따로 긴 설명이 필요 없을 것이다. 한 끼에 3가지 이상 컬러의 과일과 채소로 식단을 구성하면 항산화 식품을 꾸준히 자동 섭취할 수 있다.

● 주요 항산화제의 식품 원천

❶ 설탕과 인공 감미료 극소량 섭취 및 나트륨 최소 섭취

❷ 베타카로틴 : 당근, 고구마, 호박, 물냉이

❸ 비타민 C : 브로콜리, 고추와 피망, 키위, 베리류, 토마토, 감귤류

❹ 비타민 E : 씨앗류, 압착 기름, 곡물의 눈, 견과류, 콩과 생선

❺ 셀레늄 : 굴, 브라질너트, 씨앗류, 카무트, 참치, 버섯

❻ 글루타티온 : 참치, 콩, 견과류, 씨앗류, 마늘, 양파

❼ 안토시아니딘 : 붉은 살코기, 감자, 당근, 비트, 고구마, 시금치, 베리류

❽ 코엔자임 Q : 등푸른 생선, 견과류, 씨앗류

Choice 8

항산화·항노화·항염증
레인보우
샐러드

다양한 색의 과일은 대표적인 항산화 식품이다.
과일 섭취 후 체내 혈당을 높여 꺼리는 경우가 있지만,
적정량만 섭취하면 어떤 간식이나 영양제보다 좋다.

GL : **8.2**

0.2GL

0.4GL   0.6GL   2.5GL   2.5GL

무지개 샐러드

+ 재료
- [ ] 청포도 35g(5알)
- [ ] 적포도 35g(5알)
- [ ] 블루베리 20g(15알)
- [ ] 그래놀라 10g(1GL)
- [ ] 빨간 파프리카 35g(크기에 따라 1/6~1/8개)
- [ ] 노란 파프리카 35g(크기에 따라 1/6~1/8개)

+ 드레싱
- [ ] 무설탕 플레인 요거트 수북하게 3큰술

RECIPE

1 포도는 깨끗하게 씻은 후 2등분으로 자른다.

2 파프리카는 포도 크기와 비슷하게 네모로 썬다.

3 블루베리는 깨끗하게 씻어 물기를 제거한다.

4 접시에 과일과 채소를 가지런히 담고 그래놀라를 뿌린다.

5 플레인 요거트를 골고루 뿌려서 함께 먹는다.

어린잎 가든 샐러드

+ 재료
- [ ] 어린잎채소 50g
- [ ] 방울토마토 4개(2GL)
- [ ] 오이 1/5개
- [ ] 래디시 20g(1GL)
- [ ] 빨간 피망 1/4개
- [ ] 익힌 흰 강낭콩 25g(1GL)
- [ ] 소금 1g

+ 토핑
- [ ] 레몬 슬라이스 2~4조각

+ 드레싱
- [ ] 올리브오일 1.5큰술
- [ ] 발사믹 식초 1.5큰술

RECIPE

1 깨끗하게 씻은 오이는 세로로 반을 잘라 얇게 썬다.

2 래디시는 깨끗하게 씻은 후 얇게 저민다.

3 어린잎채소는 씻은 후 물기를 털어낸다.

4 방울토마토는 씻은 후 2등분을 하고, 피망은 씻은 후 씨를 제거해 방울토마토와 비슷한 크기로 썬다.

5 블랙올리브는 3등분으로 썬다.

6 볼에 오이, 래디시, 흰 강낭콩, 소금 1g을 넣고 버무린다.

7 밑간한 채소에 방울토마토, 피망, 어린잎채소, 올리브오일과 발사믹 식초를 각 1.5큰술씩 넣고 가볍게 버무린다.

COOKING TIP

흰 강낭콩은 찬물에 8시간 정도 담가둔 후 헹군다. 헹군 강낭콩을 팔팔 끓는 물에 넣고 10분 정도 삶는다. 그런 다음 체에 담아 찬물로 가볍게 헹군 후 물기를 뺀다.

클렌즈 샐러드

+ 재료
- [ ] 셀러리 40g
- [ ] 오렌지 80g(1/2개)
- [ ] 어린잎채소 20g
- [ ] 블루베리 20g
- [ ] 바질 잎 5장

+ 토핑
- [ ] 호박씨 5g

+ 드레싱
- [ ] 무설탕 플레인 요거트 5큰술
- [ ] 녹차가루 1작은술

RECIPE

1 준비한 모든 재료는 깨끗하게 씻어 물기를 제거한다.

2 셀러리는 5㎜ 두께로 쫑쫑 썬다.

3 오렌지 과육은 3등분으로 단면을 자른다.

4 볼에 플레인 요거트와 녹차가루를 넣고 골고루 섞어 드레싱을 만든다.

5 접시에 준비한 채소와 과일을 가지런히 담고 호박씨와 드레싱을 골고루 뿌려서 함께 먹는다.

모닝 에그 샐러드

+ 재료
- [ ] 딸기 8개(180g)(1.5GL)
- [ ] 삶은 달걀 2개
- [ ] 로메인 8장(50g)
- [ ] 페타 치즈 1조각(45g)(3GL)

+ 토핑
- [ ] 건블루베리 8알(1/2큰술)(1GL)

+ 드레싱
- [ ] 사과식초 1큰술
- [ ] 올리브오일 1큰술
- [ ] 바질가루 1/2작은술
- [ ] 소금 0.5g
- [ ] 후추 약간

RECIPE

1 준비한 모든 재료는 깨끗하게 씻어 물기를 제거한다.

2 로메인은 5㎝ 너비로 먹기 좋게 썰고, 딸기는 꼭지를 떼어내고 반으로 자른다.

3 삶은 달걀은 4등분으로 자르고 페타 치즈는 손으로 가볍게 으깬다.

4 볼에 드레싱 재료를 넣고 골고루 섞은 다음 로메인을 넣고 가볍게 버무린 후 접시에 담는다.

5 딸기, 달걀을 골고루 섞어 올리고 으깬 페타 치즈와 건블루베리를 솔솔 뿌린다.

항산화 샐러드

+ 재료
- [ ] 호박고구마 50g(5.3GL)   [ ] 어린잎채소 20g   [ ] 무지개 방울토마토 100g(6~7개)

+ 토핑
- [ ] 호박씨 5g

+ 드레싱
- [ ] 다진 생파슬리(또는 건파슬리) 1큰술   [ ] 레몬즙 2큰술
- [ ] 올리브오일 1큰술   [ ] 소금 0.6g

RECIPE

1 고구마는 껍질을 벗겨 5㎜ 두께로 얇게 썬다.

2 방울토마토는 크기에 따라 2등분 또는 4등분으로 자른다.

3 어린잎채소는 씻어 물기를 제거한다.

4 볼에 드레싱 재료를 넣고 잘 섞은 다음 준비한 고구마, 방울토마토를 넣고 골고루 버무린다.

5 접시에 준비한 어린잎채소를 펼쳐서 깔고 그 위에 드레싱으로 버무린 고구마와
방울토마토를 담는다. 마지막에 호박씨를 골고루 뿌린다.

항노화 샐러드

+ 재료
- [ ] 아보카도 1/2개
- [ ] 망고 60g(1/2개 과육)(4GL)
- [ ] 방울토마토 4개
- [ ] 생파슬리 10g(1대 분량)

+ 토핑
- [ ] 호박씨 5g

+ 드레싱
- [ ] 무설탕 플레인 요거트 4큰술

RECIPE

1 아보카도와 망고는 껍질을 벗겨내고 과육만 먹기 좋게 깍둑썰기를 한다.

2 방울토마토는 4등분으로 자른다.

3 파슬리는 씻은 후 물기를 제거하고 잎만 굵게 다진다.

4 접시에 준비한 아보카도, 망고, 방울토마토, 파슬리를 골고루 섞어 담고 호박씨와
   플레인 요거트를 뿌린다.

자주 먹는 채소의 GL 지수

● GL 지수 2 미만의 양껏 먹을 수 있는 신선한 채소

'양껏 먹을 수 있는 신선한 채소'라고 이름 붙인 다음의 채소는 1회분의 GL 지수가 2 미만이므로 어느 정도 포만감 있게 넉넉히 먹을 수 있다. 또 녹색 채소 대부분은 GL 지수가 매우 낮아 먹을 수 있는 만큼 충분히 먹어도 된다.

깻잎	쑥갓	오이	양상추	근대
시금치	공심채	콩나물 · 숙주	새싹채소	어린잎채소
돼지호박(주키니 호박)	케일	청겨자	적겨자	엔다이브
콜리플라워	브로콜리	셀러리	양배추	라디치오
아스파라거스	아보카도	그린빈	로케트	치커리
꽃상추	적상추	청상추	로메인	이자벨

● 다양한 채소와 곡물의 GL 지수

채소	분량	GL	채소	분량	GL
아보카도	190g	1	돼지호박(주키니 호박)	100g	1
그린빈	75g	1	케일	75g	1
가지	100g	1	오이	100g	1
콜리플라워	100g	1	브로콜리	100g	1
양배추	100g	1	상추	100g	1
시금치	100g	1	토마토	70g	2
양파	180g	2	아스파라거스	125g	2
당근	80g	3	완두콩	80g	3
단호박	80g	3	비트	80g	5
늙은 호박/호박	185g	7	비트	112g	7
고구마	61g	7	옥수수	60g	7
두유(무설탕)	250g	7	두유(설탕 첨가)	250g	9
옥수수 쌀	116g	7	퀴노아(익힌 것)	120g	7
통보리(익힌 것)	95g	7	쿠스쿠스(불린 것)	46g	7
듀럼밀 파스타(익힌 것)	85g	7	백밀 국수(익힌 것)	60g	7
삶거나 찐 감자	74g	7	기름 없이 구운 감자	59g	7
감자튀김	47g	7	누에콩	80g	9
15분 이내 조리한 듀럼밀 파스타	90g	10	삶은 마카로니(완전히 익힌 것)	90g	11
마	150g	13	10분간 찐 감자	150g	14
매시드 포테이토	150g	15	껍질째 20분간 삶은 감자	150g	16
가공식품 매시드 포테이토	150g	17	검은콩 수프	250g	17
고구마	150g	17	고구마 튀김	120g	24
감자튀김	150g	22	기름 없이 고온에서 구운 감자	150g	26

식이섬유소까지 씹어서 마시는
24시 샐러드 주스

무결점 모닝 주스

☐ 올리브오일 1작은술
☐ 콜리플라워(또는 양배추) 40g
☐ 사과 40g
☐ 생수 120㎖

콜리플라워와 **사과**는
아침에 마시는 주스로는 최고의 조합이다.
아침에 마시는 주스는 영양성분을 챙기는 것보다
위장 건강을 해치지 않는 것이 더 중요하다.

운동 후 30분!
에너지 보충 주스

- ☐ 바나나 1/2개
- ☐ 청포도 3알
- ☐ 키위 1/2개
- ☐ 생수 70㎖

바나나는 땀으로 상실되는 칼륨을 보충하기에 좋은 과일이지만 High GL의 식품이다. 하지만 운동을 한 후 30분 이내에 적당한 양의 바나나를 먹으면 운동으로 인해 고갈된 에너지를 보충할 수 있다.

운동 1시간 전!
에너지 대사 주스

- ☐ 완숙 토마토 1개
- ☐ 올리브오일 1/2작은술
- ☐ 소금 0.3g 이내
- ☐ 생수 60㎖

토마토는 항산화 식품이지만 한 번에 많이 먹으면 High GL의 식품이 된다. 따라서 섭취량에 주의해야 한다. 특히 토마토를 설탕에 찍어 먹는 것은 혈당을 더 높이고, 비타민 B의 흡수도 저하시킨다. 반면에 약간의 소금은 비타민 C의 산화를 억제시키고 토마토의 칼륨 성분과 균형을 이뤄 에너지 대사에 도움이 된다.

해독과 정화!
클렌즈 주스

- ☐ 셀러리(줄기와 잎) 1대
- ☐ 녹차가루 1g(생략 가능)
- ☐ 생수 70~120㎖

셀러리는 식이섬유소가 풍부한 대표적인 Low GL 식품으로 이뇨작용이 뛰어나 클렌즈 주스로 마시면 좋다. 특히 셀러리 주스 한 잔을 꾸준히 마시면 체중 감량에 도움을 받을 수 있다. 다만 잔류 농약에 대비해 깨끗하게 씻어야 한다.

영양과 수분 보충!
숙면 주스

- ☐ 시금치(줄기와 잎) 4~5줄
- ☐ 셀러리(줄기와 잎) 1/2대 ☐ 오이 1/2개
- ☐ 3cm 크기의 얼음 2개 ☐ 생수 60㎖

시금치는 오래 전부터 다수의 문헌에 기록될 만큼 약용으로 사용될 만큼 그 영양적 가치가 뛰어나다. 배고픔으로 인해 잠 못 이룰 때 영양이 풍부한 **시금치**와 불면증에 도움이 되는 **셀러리**, 체내 열을 떨어뜨리는 **오이**를 함께 갈아 마시면 좋다.

플렉시테리언의 매력

'샐러드 식판식'은 완전한 채식을 선택하라고 강요하지 않는다. 단지 하루 한 끼만이라도 채식(곡물, 채소, 과일, 식물성 단백질 위주의 식단)을 선택하라는 것이다. 사실 동물성 단백질 위주의 식단이 건강을 위협한다는 연구 결과는 많다. 하지만 육식을 즐겨야 만족하는 사람들에게는 그런 연구 내용이 먹히지 않는다. 여기서 우리는 '플렉시테리언 (Flexitarian)의 장점'을 평소 식단에 적용할 필요가 있다. 건강한 몸을 만드는 가장 안전한 길은 정신적 스트레스 없이 먹으면서 체중조절을 하는 것이다. 이러한 목적에 도달하는 가장 빠른 해법은 몸에 유익한 식품들을 주로 섭취하는 플렉시테리언의 장점을 받아들이는 것이다.

● 플렉시테리언 Flexitarian
: 평소에는 대체로 채식을 하지만 상황에 따라 때때로 육류나 생선 등을 먹는 사람

● 플렉시테리언의 장점

❶ 채식과 과일을 즐겨 먹는다.
❷ 달걀, 유제품, 생선, 닭고기 등 동물성 단백질을 때때로 섭취한다.
❸ 채소, 곡물과 콩류에 함유된 식물성 단백질과 친해진다.
❹ 오메가 3 지방산을 꾸준히 섭취한다.
❺ 혈관 건강 및 대사증후군 예방, 체중 감량 및 조절이 쉬워진다.

● 채식의 종류

베지테리언 : 기본적으로 육식을 피하고 단계별로 허용하는 음식이 있는 채식
• 비건 채식(Vegan) : 완전 채식
• 락토 채식(Lacto) : 우유 및 유제품까지만 허용하는 채식
• 오보 채식(Ovo) : 달걀만 허용하는 채식
• 락토 오보 채식(Lacto Ovo) : 달걀 · 우유 · 유제품을 허용하는 채식

세미 베지테리언 : 때때로 육류나 해산물 등을 섭취하는 채식
• 페스코 채식(Pesco) : 우유 · 유제품 · 달걀 · 어류 허용
• 폴로 채식(Pollo) : 붉은 살코기만 불허용, 우유 · 유제품 · 달걀 · 조류 · 어류 허용
• 플렉시테리언(Flexitarian) : 평소에는 채식, 상황에 따라 때때로 동물성 단백질 허용

Choice 9

가짜 배고픔을 이기는
단백질
샐러드

가짜 배고픔을 이기고
체중을 관리하는 해법은
식이섬유소를 먹는 식습관에 달려 있다.

수란 샐러드

├ 재료
- [ ] 달걀 2개
- [ ] 시금치 80g
- [ ] 방울토마토 6개
- [ ] 새송이버섯 1개

├ 토핑
- [ ] 슬라이스 치즈 1장

├ 드레싱
- [ ] 올리브오일 2큰술
- [ ] 발사믹 식초 1.5큰술
- [ ] 레몬즙 1/2큰술
- [ ] 파슬리가루 1/3큰술
- [ ] 소금 1g
- [ ] 후추 약간

RECIPE

1 ·냄비에 물 500㎖를 넣고 물이 끓으면 식초 1/2큰술, 소금 1/2큰술을 넣는다.
　·끓는 물을 숟가락으로 휘젓은 후 달걀을 깨뜨려 넣고 45초간 익힌 후 수란을 건져낸다.

2 ·새송이버섯은 1㎝ 폭으로 길게 채를 썬다.
　·전자레인지용 찜기에 새송이버섯을 넣고 전자레인지에서 1분간 익힌다.

3 ·방울토마토는 꼭지를 떼어내고 씻은 후 2등분으로 자른다.
　·토핑용 슬라이스 치즈는 5㎜ 폭으로 자른다.

4 ·시금치는 꼭지를 떼어내고 씻어 물기를 턴다.
　·팬에 물 1큰술을 두르고 강불에서 시금치를 30초간 살짝 볶는다.

5 분량대로 드레싱을 만든다.

6 ·접시에 시금치와 새송이버섯을 담고 방울토마토와 수란을 올린다.
　·채 썬 치즈를 토핑으로 얹고 드레싱을 끼얹는다.

COOKING TIP

시금치에 많이 함유된 베타카로틴은 지용성 비타민으로 필수지방이 풍부한 기름과 함께 섭취하면 흡수율을 높일 수 있다. 따라서 시금치는 기름으로 볶아도 되지만 시금치를 먼저 익힌 후 버무리거나 드레싱에 오일을 첨가하는 게 좋은 방법이다.

완두콩 한입 샐러드

+ 재료
- [ ] 엔다이브 6장
- [ ] 아보카도 1/2개
- [ ] 새싹채소 20g
- [ ] 미니 아스파라거스 6개
- [ ] 방울토마토 3개
- [ ] 삶은 메추리알 3개
- [ ] 냉동 완두콩 20g

+ 드레싱
- [ ] 올리브오일 2큰술
- [ ] 사과식초 1큰술
- [ ] 소금 0.7g
- [ ] 후추 약간

RECIPE

1 엔다이브는 한 잎씩 흐르는 물에 씻은 후 물기를 제거한다.

2 · 새싹채소는 체에 담아 씻은 후 물기를 뺀다.
   · 방울토마토는 씻은 후 2등분을 하고, 삶은 메추리알은 껍질을 벗겨 2등분을 한다.

3 · 씻은 아스파라거스는 끓는 물에 소금을 약간 넣고 살짝 데친 후 식힌다.
   · 냉동 완두콩은 끓는 물에 넣고 중불에서 5분간 데친 후 식힌다.

4 아보카도는 약간 딱딱한 것으로 준비하고 껍질을 벗긴 후 얇게 썬다.

5 분량대로 드레싱을 만든다.

6 엔다이브 속에 준비한 재료를 모두 골고루 나눠 담고 드레싱을 조금씩 끼얹는다.

COOKING TIP

완두콩 대신 낫토, 흰 강낭콩, 렌틸콩 등으로 대체해도 좋다.

두부 샐러드

+ 재료
- [ ] 두부 200g(4GL)
- [ ] 이자벨 70g
- [ ] 오이 70g
- [ ] 무순 15g

+ 토핑
- [ ] 블랙올리브 5알

+ 드레싱
- [ ] 올리브오일 1/2큰술
- [ ] 참기름 1/2큰술
- [ ] 현미식초 1큰술
- [ ] 간장 2/3큰술
- [ ] 올리고당 1/2큰술
- [ ] 참깨 1/2큰술
- [ ] 생수 1큰술

RECIPE

1. • 오이는 겉면 가시를 연필 깎듯이 칼로 쳐낸 다음 굵은 소금으로 겉면을 문질러 흐르는 물에 씻는다.
   • 씻은 오이는 8㎝ 길이로 채를 썬다.

2. • 이자벨은 꼭지를 제거해 씻은 후 물기를 털어낸다.
   • 무순은 흐르는 물에 씻어 물기를 제거하고 블랙올리브는 2등분으로 자른다.

3. • 두부는 전자레인지에서 1~2분간 돌려 물기를 뺀 다음 식힌다.
   • 식은 두부는 큐브 모양으로 썬다.

4. 분량대로 드레싱을 만든다.

5. • 접시에 이자벨과 두부를 담고 무순과 오이채를 담는다.
   • 블랙올리브를 올리고 드레싱을 끼얹는다.

COOKING TIP

바싹한 식감을 원한다면 구운 두부를 사용해도 좋다. 두부를 기름 없이 부칠 때는
약불에서 은근하게 굽는다. 만일 식용유를 사용해 구울 경우에는 먼저 두부의 물기를
닦아낸 다음 중불에서 지져야 기름이 튀지 않고 노릇하게 부칠 수 있다.

오징어 샐러드

+ 재료
☐ 오징어 작은 크기 1/2마리
☐ 적양배추 50g(2~3장) ☐ 양상추 80g(1/5개) ☐ 딸기 4~5개(90g)

+ 토핑
☐ 호박씨 5g

+ 드레싱
☐ 다진 생파슬리(또는 건파슬리) 1작은술
☐ 올리브오일 1큰술 ☐ 레몬즙 2큰술 ☐ 소금 1g

RECIPE

1 • 내장을 제거한 오징어를 깨끗하게 씻어 팔팔 끓는 물에 넣고 절반만 익힌다.
 • 데친 오징어를 꺼내 찬물로 가볍게 헹군다.
 • 준비한 오징어를 얇게 채 썰어 맛술 1큰술, 약간의 후추를 넣고 강불에서 저으면서
  물기 없이 볶는다.

2 • 딸기는 씻은 다음 2등분으로 자른다.
 • 적양배추는 얇게 채를 썰고, 양상추는 5㎜ 너비로 채를 썬다.

3 분량대로 드레싱을 만든다.

4 접시에 준비한 모든 재료를 담고 호박씨를 뿌린 후 드레싱을 끼얹는다.

211

돼지 안심 샐러드

+ 재료
- [ ] 돼지고기(안심) 100g
- [ ] 버터헤드 5장
- [ ] 블랙올리브 5개
- [ ] 브로콜리 1/3개(5알)
- [ ] 방울토마토 2개

+ 토핑
- [ ] 갈릭 파우더

+ 돼지 안심 밑간
- [ ] 올리브오일 1작은술
- [ ] 소금 0.5g
- [ ] 후추 약간

+ 드레싱
- [ ] 올리브오일 1큰술
- [ ] 간장 1/2큰술
- [ ] 레드와인 식초 1.5큰술
- [ ] 소금 1g

RECIPE

1
- 버터헤드는 씻은 다음 물기를 털어내고 큼직하게 듬성듬성 자른다.
- 토마토는 씻은 후 4등분으로 자른다.

2
- 돼지고기는 2㎜ 두께로 저민다.
- 물 500㎖를 냄비에 붓고 강불에서 끓이다가 팔팔 끓으면 맛술 1큰술과 저민 돼지 안심을 넣고 4~5분 정도 데친다.

3
- 브로콜리 꽃송이는 하나씩 먹기 좋게 세로로 반을 자른다.
- 끓는 물에 소금과 브로콜리를 넣고 2~3분 정도 데친다.
- 데친 브로콜리는 체에 붓고 찬물로 헹군 후 손으로 물기를 짠다.

4
- 블랙올리브 5알을 얇게 저민 다음 굵게 다진다.
- 볼에 준비한 돼지 안심과 다진 블랙올리브, 밑간 양념을 넣고 골고루 버무린다.

5 볼에 드레싱 재료를 분량대로 담고 소금이 녹을 때까지 섞는다.

6
- 접시에 자른 버터헤드를 담고 데친 브로콜리와 토마토를 올린다.
- 밑간한 돼지 안심을 중앙에 담고 갈릭 파우더를 뿌린 후 드레싱을 끼얹는다.

COOKING TIP

지방이 적은 돼지고기를 데칠 때 소금을 넣으면 고기의 조직이 단단해져 퍽퍽한 식감이 된다.
따라서 돼지고기는 데칠 때 소금을 넣지 않고 데친 후 밑간 양념을 하는 것이 좋다.

닭가슴살
표고버섯 샐러드

+ 재료
- [ ] 닭가슴살 100g(데친 후 1GL)
- [ ] 건표고버섯 3개(3GL)
- [ ] 어린잎채소 35g

+ 토핑
- [ ] 모둠 견과류 15g(0.5GL)

+ 드레싱
- [ ] 올리브오일 1큰술
- [ ] 씨겨자 1/3큰술
- [ ] 올리고당 1/3큰술
- [ ] 소금 1g
- [ ] 후추 약간

RECIPE

1 • 닭가슴살은 끓는 물 500㎖에 넣고 7~8분간
   충분히 익힌다.
   • 익힌 닭가슴살은 흐르는 물로 가볍게 헹군 후
   물기를 빼고, 결대로 찢는다.

2 • 말린 표고버섯은 찬물에 1시간 이상 불린다.
   • 손으로 불린 표고버섯의 물기를 짜내고
   밑동을 떼어낸 후 7㎜ 두께로 채를 썬다.

3 • 어린잎채소는 체에 담아 흐르는 물에 씻어
   물기를 뺀다.
   • 견과류는 굵게 다진다.

4 분량대로 드레싱을 만든다.

5 팬에 식용유 1큰술을 두르고 강불에서 1분간 표고버섯을 볶다가 닭가슴살을 넣고
   30초간 살짝 볶는다.

6 접시에 어린잎채소를 담고 볶은 표고버섯과 닭가슴살을 올린다. 다진 견과류를
   뿌리고 드레싱을 끼얹는다.

COOKING TIP

말린 표고버섯은 물에 담가 충분히 불려야 부드럽고 쫄깃한 식감이 된다.

단호박 닭가슴살 샐러드

- [ ] 허브 닭가슴살 100g
- [ ] 라디치오 15g(1장)
- [ ] 적겨자 10g(2~3장)
- [ ] 귤 100g(또는 오렌지)
- [ ] 찐 단호박 70g
- [ ] 청상추 30g(4장)
- [ ] 치커리 10g(4줄)
- [ ] 아보카도 50g(1/2개)

+ 드레싱
- [ ] 올리브오일 2큰술
- [ ] 소금 0.5g
- [ ] 레몬즙 1큰술
- [ ] 후추 약간

RECIPE

1 닭가슴살과 찐 단호박은 네모 모양으로 먹기 좋게 깍둑썰기를 한다.

2 귤은 즙이 나오도록 단면을 자르고, 아보카도는 껍질을 벗겨 깍둑썰기를 한다.

3 라디치오, 청상추, 적겨자, 치커리는 깨끗하게 씻어 물기를 제거한 후
한입 크기로 자른다.

4 분량대로 드레싱을 만든다.

5 접시에 준비한 재료들을 모두 담고 골고루 섞은 후 드레싱을 끼얹는다.

COOKING TIP

닭가슴살 제품을 사용할 경우 나트륨 함량을 확인한 후
드레싱에 넣을 소금의 양을 조절한다.

건강하게 뱃살을 줄이는 해법은
특정 영양소를 배제하거나 과도하게 섭취하기보다
한 끼 식사에 영양소의 균형을 맞추는 것이다.

PART 4

혈당 균형과 에너지 대사를 위한 식단!
1·1·2 한 끼

건강을 채우는 일상식, 112 한 끼 포인트

GL 지수(당부하지수)가 낮은 탄수화물 식품

마음껏 양껏 먹을 수 있는 신선한 채소

나쁜 지방이 없는 단백질 식품

HEALTHY FOOD

1

2

1

한 끼 식사는 1:1:2 비율로 먹는다.

양질의 단백질 식품 25% + 당부하지수가 낮은 탄수화물 식품 25%

+ 양껏 먹을 수 있고 식이섬유소가 풍부한 신선한 채소 50%

이 식사법은 당부하지수(GL 지수)를 고려하므로

다양한 종류의 식이섬유소를 섭취할 수 있다.

즉, 굶지 않고도 뱃살을 줄이면서 체중 감량을 가능하게 한다!

Low GL의 탄수화물은 지방으로 전환되는 초과분이 없다.

한 끼 식사 중 25% : 탄수화물(녹말 채소 포함)

통곡물은 느리게 소화되는 만큼 체내 혈당의 흡수와 방출을 천천히 한다.

신선한 채소를 충분히 양껏 먹을 수 있어 배고프지 않다.
항산화 성분을 자연스럽게 섭취하기 위해 약간의 과일을 포함한다.

한 끼 식사 중 50% : 다양한 컬러의 신선한 채소

식이섬유소는 소화효소의 상호작용을 지연시켜 탄수화물의 체내 흡수를 방해한다.

양질의 단백질은 배고픔을 느끼게 하는 혈당에 영향을 주지 않는다.

한 끼 식사 중 25% : 나쁜 지방이 없는 단백질

단백질은 탄수화물의 체내 흡수와 방출을 느리게 한다.

식사와 간식에 필수지방 식품을 꼭 추가한다.

아침·점심·저녁 = 다양한 종류의 식이섬유소 섭취

오전·오후 중 간식 1회 = 과일 · 씨앗류 · 견과류 섭취

간식으로 과일과 씨앗류 · 견과류를 선택한다.

뱃살 줄이는 점심과 저녁 식사

점심과 저녁에는 무엇을 어떻게 먹을까?

한 끼 식사의 영양 균형을 올바르게 유지하는 가장 좋은 방법은 '112 식단'을 실천하는 것이다.
먼저 한 끼 식사량 중 50%는 채소로 채운다. 이때 적절한 양의 과일을 포함하면 좋다.
나머지 50%의 식사량 중 25%는 콩, 두부, 생선, 달걀 등의 '단백질 음식'으로 채운다.
또 나머지 25%는 GL 지수가 6~7 정도인 녹말 채소나 현미, 귀리 등의 곡물로 채운다.
이러한 비율로 점심과 저녁 식사를 먹으면 뱃살의 근본 원인인 혈당의 안정을 꾀할 수 있다.

112 식단에 다음의 내용을 적용하면 뱃살을 줄이는 데 더 효과적인 식사법이 된다.

① 단백질과 식이섬유소를 동시에 공급할 수 있는 가장 좋은 식품은 콩이다.
하지만 단백질 공급원으로서 콩을 먹을 때는
함께 먹는 다른 탄수화물 식품의 섭취량을 줄여야 한다. 콩도 탄수화물 식품이기 때문이다.

② 과일을 식사에 포함시킬 경우 다른 탄수화물 음식의 섭취량을 줄여야 한다.

③ 필수지방 섭취를 위해 씨앗류나 견과류, 올리브오일 등을 드레싱 또는 양념으로 사용한다.

④ 엄격한 채식주의자가 아니라면 동물성 단백질을 포함하는 것을 권장한다.
다만 일주일 중 3회를 소고기와 돼지고기로, 3회를 닭고기와 오리고기로,
3회를 생선과 해산물로, 나머지는 콩류를 포함한 식물성 단백질 식품과 달걀을
적절히 나눠 섭취할 것을 추천한다.

다양한 콩의 GL 지수

대두(물기 없이 찐 것)	150g	1GL	울타리콩(소금물에 삶은 것)	150g	4GL
붉은 강낭콩(소금물에 삶은 것)	150g	7GL	흰 강낭콩	150g	6GL
노란 완두콩(소금 없이 삶은 것)	150g	6GL	말린 완두콩	150g	2GL
생완두콩	80g	3GL	렌틸콩(물기 없이 찐 것)	150g	5GL
병아리콩(소금 없이 삶은 것)	150g	8GL	병아리콩 후무스	30g	1.5GL
병아리콩 커리	1회분	7GL	병아리콩 타불레	1회분	8~10GL

Choice 10
한 그릇·한 접시 식단

일상식에서 다양한 영양소를 고르게 섭취하려면 반찬을 골고루 먹어야 한다.
하지만 매끼 반찬을 다양하게 준비하는 것은 만만치 않다.
한 그릇 · 한 접시에 집중하면 영양소의 균형을 맞추기 위해
여러 가지 반찬을 준비하지 않아도 된다.

GL : **10**

두부 비빔밥 샐러드

밥 샐러드 식단 ▶ 샐러드와 비빔밥을 접목한 밥 샐러드 식단

② 1GL

③ 3GL   ① 6GL

① **Low GL 탄수화물 :**
   와일드 라이스 현미밥 80g
   찬물에 25분간 불린 현미+와일드 라이스

② **단백질 : 으깬 두부 75g**
   전자레인지에서 2분간 조리

③ **채소 : 샐러드 220g**
   콩나물＋오이＋청상추＋부추＋청양고추

잘ㅏ 재료
- ☐ 오이 1/2개
- ☐ 두부 1/4모(75g)
- ☐ 청상추 2장
- ☐ 콩나물 100g
- ☐ 부추 20g

＋ 비빔장
- ☐ 청양고추 1개
- ☐ 참기름 1작은술
- ☐ 다진 쪽파 1큰술
- ☐ 들기름 1작은술
- ☐ 간장 2큰술
- ☐ 참깨 1/2작은술

RECIPE

1 • 오이는 껍질을 벗긴 후 얇게 채를 썬다.
   • 부추는 깨끗하게 씻어 물기를 털어낸 후 5㎝ 길이로 자른다.
   • 청상추는 씻은 후 물기를 털어내고 1㎝ 너비로 채를 썬다.
   • 청양고추는 씻은 후 반을 잘라 씨를 제거한 다음 다진다.

2 • 콩나물은 2회 씻은 후 건져낸다.
   • 팬에 콩나물이 잠길 정도의 양으로 물을 붓고 끓이다가 물이 팔팔 끓으면 씻은 콩나물을 넣고 강불에서 1분간 데친다.
   • 데친 콩나물을 체에 붓고 흐르는 찬물로 가볍게 헹군 다음 물기를 뺀다.

3 두부는 흐르는 물에 가볍게 씻은 후 그릇에 담아 전자레인지에서 2분간 돌린다. 두부에서 나온 물을 버리고 으깬다.

4 분량대로 비빔장을 만들고, 그릇에 와일드 라이스 밥과 준비한 채소를 모두 담고 비빔장과 으깬 두부를 곁들인다.

COOKING TIP

두부는 기름 없이 중약불에 수분을 날리면서 포슬포슬하게 볶아도 좋다.

카무트

'셀레늄의 제왕'으로 알려진 카무트는
고대 이집트의 원시 곡물이다.
풍부한 식이섬유와 단백질, 불포화지방산을 함유해
타임지의 '역사상 가장 건강한 음식 50'에
선정되기도 했다.

단백질이 풍부한 원시 곡물

오랜 시간 동안 인류가 먹어온 원시 곡물은
단백질과 식이섬유, 미네랄, 비타민 등이 매우 풍부합니다.
우리에게는 다소 생소한 이름이지만
풍부한 영양성분을 가진 이들 원시 곡물을 가리켜
흔히 '슈퍼 곡물'이라고 부릅니다.

프리카

'식이섬유의 왕'이라 불리는 프리카는 카무트와 마찬가지로 고대 이집트의 원시 곡물이다.
'비비다'라는 의미의 '프리카'라는 이름은 덜 숙성된 녹색의 밀을 수확해 껍질째 볶은 후 비벼서
껍질을 제거했다는 데에서 유래했다. 프리카는 당뇨병과 장 건강에 매우 좋은 식품이다. 특히
조금만 먹어도 포만감을 느낄 수 있어 음식의 먹는 양을 조절하는 데 도움을 얻을 수 있다.

귀리

귀리는 정백하지 않은 대표 곡식으로 세계의 슈퍼
푸드 중 하나이다. 귀리의 영양적 가치도 뛰어나지만
혈당의 오르내림을 조절해 쉽게 배고픔을 느끼는
사람에게 도움이 된다. 꾸준히 귀리를 먹는다면
뱃살을 줄이는 데 큰 도움이 될 것이다.

퀴노아

퀴노아는 적은 양으로도 비타민, 미네랄, 단백질을 충분히 섭취할 수 있으며 귀리와 마찬가지로 세계의 슈퍼푸드 중 하나이다. 또한 퀴노아는 최고의 두뇌음식 중 하나로 집중력을 높이고 뇌 건강에 도움이 된다. 특히 퀴노아가 가진 양질의 단백질은 완전한 식물성 단백질 식품으로 손꼽힌다.

테프

세계에서 가장 작은 곡물로 알려진 테프는 초콜릿의 향미를 가지고 있으며 약간 씁쓸한 맛이 난다. 테프의 풍부한 단백질과 칼슘, 식이섬유는 에너지 대사에 매우 좋다. 특히 운동 전후 우유에 타서 먹으면 좋고, 샐러드 토핑이나 잡곡밥으로 먹으면 꾸준한 섭취가 가능하다.

아마란스

잉카인들이 사랑한 아마란스는 '신이 내린 곡물'이라 불리는 슈퍼푸드이다. 잉카인들은 풍부한 단백질의 아마란스를 영양 보충식으로 섭취했다고 한다. 톡톡 터지는 식감이 잉카 문명의 대표 곡물인 퀴노아와 비슷하지만, 퀴노아보다는 크기가 작다. 식물성 스쿠알렌, 폴리페놀 등 항산화 성분과 칼슘, 칼륨, 철분, 식이섬유, 필수아미노산 등 영양성분이 골고루 함유되어 체중조절식으로 매우 좋다.

와일드 라이스

흑갈색의 와일드 라이스는 선사 시대부터
인류가 먹은 원시 곡물이다.
'좋은 열매'라고 부를 정도로 북아메리카
원주민들에게는 중요한 식량자원이었다.
생김새는 길쭉하면서 날렵하다.
식감은 쫀득하고, 맛은 견과류와 같이 고소하다.

렌틸콩(렌즈콩)

렌틸콩은 적은 양으로도 필수아미노산을
충분히 섭취할 수 있는 세계의 슈퍼푸드 중
하나이다. 잡곡밥, 샐러드, 조림 반찬,
타불레 등 다양한 조리법이 가능해 꾸준한
섭취가 가능하다. 또한 물에 불릴 필요가
없고 익는 시간이 오래 걸리지 않아
Low GL 식사에 적합한 식품이다.

병아리콩(이집트콩)

밤과 비슷한 식감과 맛을 지닌 병아리콩은
콜레스테롤을 저하시킨다.
특히 철분과 칼슘이 풍부하고, 지방 연소와
혈당 조절의 기능으로 뱃살 줄이는 데
큰 도움이 된다. 영양적 가치가 뛰어난
병아리콩을 꾸준히 섭취할 수 있는
가장 좋은 방법은 간식으로 먹는 것이다.

원시 곡물 손질법

타불레를 비롯한 곡물 샐러드에 넣을 곡물은 반드시 찬물에 불리되,
물에 넣고 오랜 시간 끓여서 익히는 것보다 고두밥으로 짓거나 찌는 것이 좋다.

1 물을 담아놓은 볼에 먼저 원시 곡물을 넣고 먼지 등을 제거하는 정도로 1회 가볍게
씻은 후 2회 더 헹군다. 이때 입자가 작은 곡물은 체에 담아서 씻어야 한다.

2 넓은 그릇에 씻은 곡물을 담고 곡물이 잠길 정도로 넉넉하게 찬물을 붓고 불린다.
이때 곡물마다 불리는 시간을 다르게 해야 한다.

25분간 불린 프리카와 카무트   30분간 불린 귀리   2시간 불린 후 3분간 찐 렌틸콩

- 카무트·와일드 라이스·귀리·프리카는 최대 30분을 넘기지 않아야 한다.

- 렌틸콩·퀴노아는 조리 방법에 따라 불리는 시간이 다르다. 전자레인지용 찜기로
  찔 경우에는 렌틸콩 2시간, 퀴노아 15분이 적당하다. 전기밥솥에서 지을 경우
  불리지 않아도 일반 백미 모드에서 충분히 잘 익는다.

- 아마란스·테프는 불리지 않고 촘촘한 체에 담아 씻은 후 밥을 짓는다. 샐러드에는
  1~2큰술을 씻은 후 팬에 식용유를 두르지 않고 중불에서 3~5분 정도 볶아서
  사용한다.

- 병아리콩을 백미와 혼식할
  경우에는 찬물에 담가 12시간
  정도 불린 후 밥을 지으면
  된다.

  병아리콩만 따로 익힐
  경우에는 찬물에 담가 12시간
  정도 불린 후 전자레인지에서
  6분 정도 찐다.

곡물 샐러드, 타불레

곡물 샐러드는 곡물뿐만 아니라 채소와 과일, 콩과 씨앗류, 견과류 등 식이섬유소를 다양한 음식을 통해 섭취하는 가장 좋은 방법입니다. 또 단백질, 필수지방, 비타민과 미네랄을 함께 섭취할 수 있습니다.

타불레(Tabbouleh)는 중동식 곡물 샐러드인데, 익힌 곡물에 다양한 채소와 과일 등을
잘게 썰어 넣고 올리브오일과 레몬즙으로 맛을 더한 채식 스타일의 음식이다.
타불레는 원하는 재료를 자유롭게 넣을 수 있고 만드는 과정이 간편한 한 그릇 음식이다.
무엇보다 타불레 한 그릇으로 여러 가지 식재료를 동시에 먹을 수 있어
균형 잡힌 영양소를 섭취할 수 있다.

▶ 콩류 : 렌틸콩, 병아리콩, 완두콩, 강낭콩 등

▶ 토마토 : 방울토마토, 줄기토마토

▶ 녹색 잎채소 또는 허브 채소 : 루콜라, 시금치, 치커리, 로메인,
                                       청겨자, 바질 잎, 파슬리

▶ 슈퍼 곡물 : 퀴노아, 와일드 라이스, 귀리, 카무트, 프리카 등

▶ 아삭한 식감의 채소 : 양파, 피망, 파프리카, 고추, 오이, 마늘종,
                            셀러리

▶ 토핑 : 견과류, 씨앗류 또는 테프, 아마란스

▶ 과일류 : 아보카도, 망고, 오렌지, 석류

곡물 샐러드, 타불레의 기본 레시피

① 슈퍼 곡물을 선택한다. 찬물에 담가 충분히 불린 후 익힌다.

② 원하는 콩 1가지를 찬물에 담가 하룻밤 정도 불린 후 익힌다.

③ 잎채소, 허브 채소, 아삭한 식감의 채소를 1~2㎝ 너비로 썬다.

④ 과일은 1~2㎝ 크기로 썰고, 씨앗류나 견과류 등을 추가해도 좋다.

⑤ 볼에 모든 재료를 넣고 올리브오일, 레몬즙 또는 라임즙, 소금으로 맛을
   내면서 버무린다.

카무트·프리카 타불레

+ 재료
- [ ] 카무트+프리카 50g(익힌 후)
- [ ] 새송이버섯 1개
- [ ] 줄기토마토 7개
- [ ] 양파 1/2개(작은 크기)
- [ ] 달걀 1개
- [ ] 로메인 5장

+ 밑간 양념
- [ ] 달걀 : 소금 0.3g, 생수 1작은술
- [ ] 토마토 : 식용유 1/3큰술, 생수 1큰술, 소금 0.3g

+ 토핑
- [ ] 라임 1/8개

+ 드레싱
- [ ] 올리브오일 1큰술
- [ ] 소금 0.7g
- [ ] 갈릭 파우더 1/2큰술
- [ ] 후추 약간
- [ ] 라임즙 1큰술

RECIPE

1 카무트와 프리카는 씻은 후 찬물에 담가 30분간 불린 후 밥을 짓는다.

2 볼에 달걀을 깨뜨려 넣고 소금과 생수 1작은술을 넣고 소금이 녹을 때까지 잘 섞는다. 팬에 달걀물을 붓고 중불에서 원을 그리면서 스크램블 에그를 만든다.

3 팬에 식용유 1/3큰술과 생수 1큰술을 두르고 씻은 줄기토마토를 담는다. 소금으로 간을 한 후 약불에서 8분 정도 끓인다.

4 • 로메인은 씻은 후 물기를 제거하고 5㎜ 너비로 채를 썬다.
  • 양파와 새송이버섯은 1㎝ 크기로 썰고 강불에서 3분간 볶는다.

5 볼에 드레싱 재료를 분량대로 넣고 섞은 다음 카무트 프리카 밥, 스크램블 에그, 볶은 양파와 버섯을 넣고 버무린다.

6 그릇에 버무린 타불레와 로메인, 익힌 토마토를 담는다. 토핑용 라임은 타불레를 먹을 때 골고루 뿌린 후 로메인, 토마토와 함께 먹는다.

렌틸콩 타불레

+ 재료
- [ ] 렌틸콩 50g(익힌 후)
- [ ] 닭 안심 50g(작은 크기 2덩이)
- [ ] 파프리카 50g(중간 크기 1/2개)
- [ ] 줄기토마토 3개
- [ ] 호박씨 10g

+ 닭 안심 밑간 양념
- [ ] 소금 0.5g
- [ ] 후추 약간

+ 드레싱
- [ ] 올리브오일 1.5큰술
- [ ] 레몬즙 1큰술
- [ ] 소금 0.7g
- [ ] 후추 약간

RECIPE

1
- 렌틸콩은 체에 담아 흐르는 물로 가볍게 씻은 후 찬물에 담가 2시간 정도 불린다.
- 불린 렌틸콩과 생수 2큰술을 전자레인지용 찜기에 담아 전자레인지에서 2분간 익힌 후 위아래 뒤적인 다음 다시 1분간 더 익힌다.
- 익힌 렌틸콩은 체에 담아 물기를 빼면서 식힌다.

2
- 닭 안심은 팔팔 끓는 물에 넣고 충분히 익힌다.
- 데친 닭 안심은 흐르는 물로 가볍게 헹군 후 1㎝ 크기로 깍둑썰기를 한다.
- 썬 닭 안심을 밑간 양념으로 버무린다.

3
- 파프리카는 꼭지와 씨를 제거한 다음 깨끗하게 씻어 1㎝ 크기로 깍둑썰기를 한다.
- 줄기토마토는 씻은 후 8등분으로 자른다.

4 볼에 드레싱 재료를 분량대로 담고 소금이 녹을 때까지 잘 섞은 다음 밑간한 닭 안심, 렌틸콩, 파프리카, 토마토, 호박씨를 넣고 골고루 버무린 후 그릇에 담는다.

귀리 타불레

- [ ] 귀리밥 70g
- [ ] 아보카도 1/2개(과육 75g)
- [ ] 양파 1/4개(중간 크기)
- [ ] 참치 75g(통조림 100g 1캔)
- [ ] 파프리카 80g(빨강, 주황, 노랑 각 1/8개씩)
- [ ] 청겨자 2장
- [ ] 쪽파 1줄

+ 드레싱

- [ ] 올리브오일 1큰술
- [ ] 소금 1g
- [ ] 라임즙 1큰술
- [ ] 후추 약간
- [ ] 레드 페퍼 1작은술

RECIPE

1 • 귀리는 씻은 후 찬물에 담가 30분 정도 불린다. 불린 귀리와 생수 1/2컵을 전자레인지용 찜기에 담아 전자레인지에서 4분간 익힌 후 위아래 뒤적인 다음 다시 2분간 더 익힌다.
   • 익힌 귀리는 전자레인지에서 꺼내 다른 재료를 준비하는 동안 열기가 있는 상태로 둔다.

2 아보카도와 파프리카, 양파는 1cm 크기로 썰고, 청겨자는 5mm 간격으로 채를 썰고, 쪽파는 쫑쫑 썬다.

3 참치는 통조림 국물을 버리고 살만 준비한다. 예열한 팬에 파프리카와 양파, 참치살을 강불에서 2분간 볶는다.

4 볼에 드레싱 재료와 준비한 모든 재료를 넣고 골고루 섞은 다음 그릇에 담는다.

굿 베리 곡물 빵 샐러드

+ 재료
- [ ] 블루베리 60g(0.5GL)
- [ ] 산딸기 120g(1GL)
- [ ] 구운 통곡물 식빵 1/2장(2.5GL)
- [ ] 오이 1/3개
- [ ] 치커리 4개
- [ ] 올리브오일 1작은술
- [ ] 소금 0.7g
- [ ] 후추 약간

+ 드레싱
- [ ] 아보카도 1/2개
- [ ] 라임 1/2개
- [ ] 페타 치즈 30g
- [ ] 우유 85~120㎖(1GL)
- [ ] 건파슬리 1작은술

RECIPE

1 블루베리와 산딸기는 잔류 농약 등을 대비해 깨끗하게 씻은 후 물기를 뺀다.

2 • 치커리는 씻은 후 물기를 털어내고 먹기 좋게 자른다.
   • 오이는 겉면을 깨끗하게 씻은 후 껍질째 얇게 모양대로 썬다.

3 믹서에 페타 치즈를 손으로 가볍게 으깨서 넣고 잘 익은 아보카도는 과육만 수저로 떠 넣는다. 라임은 즙을 내서 넣고 건파슬리와 우유를 부은 후 갈아서 드레싱을 만든다.

4 볼에 오이와 치커리, 올리브오일, 소금과 후추를 넣고 버무린 다음 접시에 담는다. 준비한 블루베리와 산딸기를 담고 아보카도 드레싱을 끼얹은 후 구운 식빵을 잘라서 곁들인다.

+ 재료
☐ 어린잎채소 20g
☐ 아보카도 1/2개
☐ 자숙 새우 4마리
☐ 통곡물 빵 2장(식빵 절반 크기)

+ 새우 양념
☐ 올리브오일 1작은술
☐ 라임즙 1작은술
☐ 소금 0.7g
☐ 후추 약간

RECIPE

1 아보카도는 얇게 슬라이스를 하고, 어린잎채소는 씻은 후 물기를 뺀다.

2 자숙 새우살은 끓는 물에서 살짝 데친 후 식힌다.

3 볼에 새우 양념을 모두 넣고 버무린다.

4 빵 위에 아보카도를 올리고 어린잎채소를 듬뿍 올린 후 새우를 얹는다.

새우 샐러드
오픈 샌드위치

통밀과 통호밀 빵은 안심해도 될까?

통밀!

통밀은 밀의 껍질을 도정하지 않아 껍질에 식이섬유소와 미네랄이 함유되어 있다.
음식에 함유된 식이섬유소는
음식을 먹은 후 혈당을 안정적으로 유지하는 데 도움을 준다.
통밀에는 약간의 지방산이 들어 있어 산패하기 쉽다.
그러니 남은 빵은 꼭 냉장 또는 냉동 보관해야 한다.

통호밀!

통호밀은 식이섬유소가 풍부하다.
또 단백질, 칼륨과 비타민 B가 소량 함유되어 있으며, 통밀에 비해 소화가 잘 되는 편이다.
다만 통호밀로 만든 빵은 탄성이 적어 통밀 빵에 비해 좋은 식감은 아니다.
이런 이유로 빵을 만들 때 백밀 또는 통밀과 혼합해서 만드는 경우가 많다.

통밀과 통호밀 빵이라도 많이 먹으면 당부하지수가 높은 High GL 식품이 된다.
다만 통밀·통호밀 빵은 식이섬유소가 풍부하므로 먹는 양만 주의하면 한 끼 식사로 적합하다.
만일 한 끼 식사로 통밀이나 통호밀 빵을 먹는다면
되도록 아마란스, 귀리 등의 원시 곡물이 혼합된 통곡물 빵을 선택한다.
또한 통곡물 빵의 과잉 섭취를 제한하는 가장 좋은 방법은
신선한 채소 샐러드를 빵 위에 듬뿍 올린 오픈 샌드위치로 먹는 것이다.

GL 지수 10에 해당하는 식빵

호밀 흑빵	2장	사워도우 호밀 빵	2장
통호밀 빵(효모균 발효)	1장	통밀 빵(효모균 발효)	1장
백밀가루로 만든 고식이섬유소 빵(효모균 발효)	1/2장		

GL 지수 5에 해당하는 간식의 조합

베리류 과일	+	아몬드 5알 또는 호박씨 2작은술
생채소(당근, 오이, 셀러리 중 선택) 1개	+	후무스 50~150g
생채소(당근, 오이, 셀러리 중 선택) 1개	+	코티지 치즈 50~150g
베리류 과일 최대 180g	+	무설탕 요거트 1팩(150g)
베리류 과일 최대 180g	+	코티지 치즈 최대 150g
통곡물 빵 1장 또는 귀리 비스킷 2개	+	코티지 치즈 최대 150g
통곡물 빵 1장 또는 귀리 비스킷 2개	+	후무스 최대 150g
통곡물 빵 1장 또는 귀리 비스킷 2개	+	땅콩버터 최대 80g

주키니 호박 파스타

+ 재료
☐ 스파게티 건면 70g
☐ 두부 100g
☐ 돼지호박(주키니 호박) 130g
☐ 브로콜리 30g
☐ 생수 120㎖

+ 양념
☐ 올리브오일 1큰술
☐ 바질가루 1작은술
☐ 소금 1.5g
☐ 후추 약간

RECIPE

1 돼지호박과 브로콜리는 깨끗하게 씻는다. 돼지호박은 채를 썰고, 브로콜리는 한입 크기로 자른다.

2 끓는 물에 스파게티 면을 넣고 5분간 익히다가 불을 끈 다음 면 삶은 물을 버린다. 면수를 사용하지 않는다.

3 팬에 삶은 면을 담고 두부를 으깨서 넣는다. 여기에 브로콜리, 바질가루, 소금, 생수 120㎖를 넣고 섞은 다음 2분 정도 중약불에서 더 익힌다.

4 마지막에 돼지호박을 넣고 1분 이내로 저으면서 데우듯이 섞다가 불을 끈다. 올리브오일을 넣고 섞은 후 접시에 담는다.

COOKING TIP

• 돼지호박을 면처럼 길쭉하게 채 썰어 넣으면 평소보다 스파게티 면을 적게 넣어도 충분한 양의 1회분이 된다.

• 돼지호박의 사각거리는 식감과 두부의 고소함이 더해진 촉촉한 스파게티이다.

• 돼지호박은 생으로 먹을 수 있어 샐러드에 적합한 채소이다. 또 올리브오일과도 잘 어울린다. 따라서 돼지호박을 데우듯이 살짝만 익혀 사각거리는 식감을 즐기면 좋다.

메밀국수 샐러드

+ 재료
- [ ] 메밀국수 45g(5GL)
- [ ] 닭 안심 75g(2~3덩이)
- [ ] 오이 1/4개
- [ ] 미나리 2~3줄
- [ ] 양상추 30g
- [ ] 양파 1/4개(중간 크기)

+ 닭 안심 밑간 양념
- [ ] 갈릭 파우더 약간(생략 가능)
- [ ] 소금 0.5g
- [ ] 후추 약간

+ 드레싱
- [ ] 들기름 1작은술
- [ ] 참기름 1작은술
- [ ] 간장 1큰술
- [ ] 사과식초 2큰술
- [ ] 연겨자 1작은술

RECIPE

1
- 팔팔 끓는 물(500㎖)에 닭 안심을 넣고 데친다.
- 데친 닭 안심은 흐르는 물로 가볍게 헹군 후 물기를 빼고 결대로 찢는다.
- 볼에 닭 안심과 밑간 양념을 넣고 버무린 후 그대로 둔다.

2
- 오이는 껍질을 벗겨 얇게 채를 썬다.
- 미나리는 씻은 후 물기를 털어내고 5㎝ 길이로 자른다.
- 씻은 양상추와 양파는 얇게 채를 썬 다음 각각 찬물에 5분 정도 담가둔 후 체에 담아 물기를 뺀다.

3 팔팔 끓는 물에 메밀국수를 넣고 3분 정도 삶는다. 삶은 메밀국수는 체에 부어 흐르는 물로 전분을 씻어내고 물기를 뺀다.

4 분량대로 드레싱을 만들어 그릇에 담는다.

5 접시에 메밀국수, 닭 안심, 준비한 채소를 담고 드레싱을 곁들인다. 먹을 때 드레싱을 부어 잘 섞는다.

COOKING TIP

살짝 데친 미나리를 사용해도 되는데, 끓는 물에 미나리를 넣고 곧바로 건져 찬물로 헹궈야 질겨지지 않는다.

불고기 대파우동

+ 재료
- [ ] 생우동(사리용) 1봉(210g)
- [ ] 소고기(불고기용) 100g
- [ ] 대파 10cm 길이 3개
- [ ] 생강 초절임 약간

+ 소고기 양념
- [ ] 간장 1/2큰술
- [ ] 설탕 1작은술
- [ ] 맛술 1큰술
- [ ] 후추 약간
- [ ] 참기름 1작은술

+ 국물 양념
- [ ] 생수 620㎖
- [ ] 맛술 1작은술
- [ ] 가다랑어포 4g
- [ ] 소금 0.5g
- [ ] 국간장 1작은술

RECIPE

1 • 대파는 어슷하게 썰어 찬물에 5분간 담가둔 다음 체에 담아 물기를 뺀다.
　　• 생강 초절임은 손으로 뭉쳐 물기를 꼭 짜낸 다음 잘게 다진다.

2 팬에 소고기와 소고기 양념 재료를 모두 넣고 버무린 후 볶는다.

3 국물을 끓일 냄비에 생수와 맛술을 넣고 강불에서 팔팔 끓이다가 가다랑어포와 소금, 국간장을 분량대로 넣고 2분간 더 바글바글 끓인 후 불을 끈다. 그대로 둔 상태로 면을 삶는 동안 가다랑어포를 더 우린다.

4 팔팔 끓는 물에 우동 면을 넣고 데친다. 그런 다음 체에 담아 흐르는 물로 헹군 후 뜨거운 물 2컵을 붓고 물기를 뺀다.

5 국물에서 가다랑어포를 건져낸 다음 준비한 대파를 넣고 1분 정도 팔팔 끓이다가 불을 끈다.

6 그릇에 우동 면을 담은 다음 끓인 국물과 대파를 담고 볶은 소고기와 다진 생강을 올린다.

COOKING TIP

• 맑게 끓인 가다랑어포 국물에 불고기 고명과 대파를 듬뿍 올린 대파우동이다. 기호에 따라 산초가루를 약간 뿌려서 먹어도 좋다.

• 만일 생강 초절임이 없다면 얇게 썬 생강에 식초와 설탕을 1:2 비율로 넣고 10분 정도 재운 후 다지면 된다.

Low GL 우동·국수 한 그릇

체중 감량 중에 면은 어떻게 먹으면 좋을까요?
면의 종류에 따라 1회분 먹는 양을 조금씩 조절하면 됩니다.
여기에 식이섬유소가 풍부한 채소와 단백질 재료 1가지를 추가합니다.
무조건 면식을 금하는 것보다 꼭 먹고 싶다면 한 그릇 잘 먹으면 됩니다.

7GL에 해당하는 건면 1회분 섭취량		삶는 시간을 고려한 1회분 섭취량
일반 밀국수	3분/60g	4분/50g
메밀국수	3분/70g	4분/60g
듀럼밀 파스타	8분/85g	10분/73g
쌀국수	6~7분/60g	
당면	7~8분/35g	

버섯 메밀 온면

- [ ] 메밀국수(건면) 70g
- [ ] 백만송이버섯(만가닥버섯) 130g(1덩이)

+ 국물 양념
- [ ] 면 삶은 물 120㎖
- [ ] 생수 360㎖
- [ ] 다시마 5cm 길이 3개
- [ ] 맛술 1큰술
- [ ] 간장 1작은술
- [ ] 국간장 1작은술

RECIPE

1 백만송이버섯은 밑동을 잘라내고 가닥가닥 뗀 후 가볍게 헹궈 체에 담는다.

2 끓는 물에 메밀국수를 3분 30초간 삶아 찬물로 헹군 후 체에 담아 물기를 뺀다.
이때 면 삶은 물 120㎖를 남겨둔다.

3 국물을 만들 냄비에 면 삶은 물, 생수, 다시마, 맛술을 넣고 분량대로 끓이는데,
물이 끓기 시작하면 다시마를 건진다. 간장, 국간장, 버섯을 넣고 바글바글 끓인
후 불을 끈다.

4 그릇에 메밀국수를 담고 끓인 버섯을 건져 올리고 국물을 담는다.

COOKING TIP

- 버섯의 은은한 향을 이용하면 국물 간이 강하지 않아도 맛있게 먹을 수 있다.

- 버섯은 넉넉하게 넣고, 기호에 따라 다진 파를 약간 추가해도 좋다.

- 건진 다시마는 채 썰어 국수 고명으로 사용해도 된다.

지중해 식단의 특징

❶ 지중해 한 끼 식단은 대부분 콩류와 씨앗류를 포함한 곡물, 채소, 과일로 구성하며 허브와 레몬, 소금, 후추, 올리브오일 등 식재료에 풍미를 더하는 정도로 심플하게 양념을 한다.

❷ 산도 0.8% 이하로 열을 가하지 않고 과육만을 압착한 '엑스트라 버진' 등급의 신선한 올리브오일을 음식에 섞어 먹는다. 참고로 산도가 낮을수록 최고 등급의 엑스트라 버진 올리브오일이다. 조리할 때는 주로 발연점이 높은 '퓨어' 등급의 올리브오일을 사용한다. 지중해 식단에서는 고온에서 기름으로 조리하거나 식용유를 사용하는 음식을 즐겨 먹지 않는다.

❸ 올리브 과육과 올리브오일, 씨앗류 등을 통해 불포화지방산을 충분히 섭취한다. 저녁 한 끼 중 지방의 비율이 29%이며, 그중 72% 이상이 불포화지방산이다.

❹ 일주일 3회 이상 해산물을 섭취하고, 달걀을 포함한 가금류 동물성 단백질과 유제품의 섭취량은 3회 미만이며, 붉은 고기 동물성 단백질은 1~2회 정도로 제한한다.

❺ 식사를 할 때 와인 1~2잔 또는 레몬수를 곁들이거나 레몬즙을 음식에 뿌려 먹는다.

❻ 한 끼 식사를 매우 소중히 여기는 만큼 여러 사람과 같이 식사하기를 즐긴다. 또한 식사 시간은 여유롭게 잡고 음식을 천천히 먹는다.

Choice 11
샐러드 반찬 식단

일상식에서 채소 섭취를 꾸준히 할 수 있는 가장 좋은 방법은
샐러드를 반찬으로 먹는 것이다.
다만 샐러드 반찬에 영양 균형을 잘 맞추고 식이섬유소를 고려한다면
Low GL의 한 끼 식사가 가능해진다.

올리브 샐러드 반찬

샐러드 반찬 식단 ▶ 샐러드 반찬을 접목한 Low GL 식단

① 6.5GL

② 0.5GL

③ 3GL

① Low GL 탄수화물 : 현미밥 70g
  찬물에 25분간 불린 현미 100%

② 단백질 : 민어구이 110g
  • 양념 : 아보카도오일 1/3큰술, 소금 0.5g,
    후추 약간
  • 조리 : 중약불에서 8분간 굽기

③ 채소 : 샐러드 200g
  오이 + 올리브 + 토마토 + 청양고추

＋ 재료
- [ ] 방울토마토 5~6개
- [ ] 블랙올리브 5알   - [ ] 그린올리브 3알
- [ ] 오이(18㎝ 길이) 2/3개   - [ ] 청양고추 2개
- [ ] 올리브오일 1큰술

＋ 오이 밑간
- [ ] 소금 1.5g   - [ ] 후추 약간(또는 바질가루 약간)

RECIPE

1
- 오이는 겉면 가시를 연필 깎듯이 칼로 쳐낸 다음 굵은 소금으로 겉면을 문질러 흐르는 물에 씻는다. 씻은 오이는 어슷비슷하게 저민다.
- 볼에 손질한 오이를 담고 소금과 후추로 버무린다.

2
- 토마토는 꼭지를 떼어내고 깨끗하게 씻어 4등분으로 썬다.
- 블랙올리브는 반을 자르고, 그린올리브는 3등분으로 썬다.
- 청양고추는 씻은 다음 세로로 반을 자르고 씨를 제거해 7㎜ 폭으로 송송 썬다.

3 오이를 버무린 볼에 토마토, 올리브, 청양고추, 올리브오일을 넣고 잘 섞는다.

4 토마토 올리브 샐러드 반찬을 그릇에 담고, 밥과 생선(민어)구이에 곁들인다.

COOKING TIP

거친 느낌의 현미밥에는 오이, 토마토와 같은 수분감이 많은 채소가 잘 어울린다.

+ 재료

☐ 꽁치(통조림) 100g(3토막) ☐ 아보카도 70g(1/2개) ☐ 오이 70g(1/3개)
☐ 치커리 30g(4줄) ☐ 청겨자 30g(4장) ☐ 양파 40g(1/4개)

+ 꽁치 양념

☐ 맛술 1작은술 ☐ 물 1큰술 ☐ 후추 1/4작은술
☐ 생강가루 1/2작은술 ☐ 올리브오일 1작은술 ☐ 레드 페퍼 1/2작은술

+ 드레싱

☐ 올리브오일 1큰술 ☐ 소금 1g ☐ 후추 약간 ☐ 라임즙 2큰술

RECIPE

1 • 오이는 겉면을 깨끗하게 씻어 껍질째 동그란 모양대로 얇게 썬다.
　• 청겨자는 씻은 후 물기를 털어내고 2cm 폭으로 자른다.
　• 치커리는 씻은 후 물기를 털어내고 1/2 길이로 자른다.
　• 양파는 얇게 채를 썰고, 아보카도는 저민다.

2 • 냄비 또는 팬에 꽁치를 담고 조림 양념을 골고루 끼얹는다. 약불에서 3분간 끓이다가
　　뒤집은 다음 다시 3분간 끓인 후 불을 끈다.
　• 조린 꽁치 위에 올리브오일을 골고루 끼얹은 후 레드 페퍼를 뿌린다.

3 분량대로 샐러드 드레싱을 만든다.

4 넓은 접시에 치커리와 청겨자를 담고 그 위에 오이와 양파채를 담는다.
　채소 위에 드레싱을 골고루 끼얹은 후 꽁치와 아보카도를 올린다.

꽁치 아보카도 샐러드 반찬

토마토 연두부 샐러드 반찬

+ 재료
☐ 연두부(생식용) 125g   ☐ 토마토 80g(중간 크기 1/2개)

+ 드레싱
☐ 간장 1작은술   ☐ 참기름 1작은술   ☐ 후추 약간

RECIPE

1 토마토는 세로로 3등분을 한 다음 각각 반을 자른다.

2 분량대로 드레싱을 준비한다.

3 연두부 위에 토마토를 올리고 전자레인지에서 1분 정도 돌린 후 드레싱을 끼얹는다.

상추 깻잎 샐러드 반찬

+ 재료
☐ 상추 6장   ☐ 깻잎 4장   ☐ 대파(흰 부분) 10㎝ 길이 1개

+ 드레싱
☐ 참깨 1작은술   ☐ 참기름 1큰술   ☐ 식초 2작은술   ☐ 소금 1g

RECIPE

1 어슷하게 썬 대파는 찬물에 5분간 담가 매운맛을 제거하고 아삭한 식감을 살린다.

2 상추와 깻잎은 깨끗하게 씻어 물기를 제거하고 먹기 좋은 크기로 자른다.

3 대파, 상추, 깻잎에 드레싱 재료를 넣고 살살 버무린다. 먹기 직전에 버무려야 채소의 숨이 죽지 않고 생생한 맛을 느낄 수 있다.

완두콩 해초 샐러드 반찬

- [ ] 모둠 해초 100g(소금 제거한 무게)
- [ ] 오이 70g(1/3개)
- [ ] 대파(흰 부분) 약간
- [ ] 냉동 완두콩 30g(데친 후 완두콩의 양은 25g)
- [ ] 양파 40g(1/4개)
- [ ] 참깨 약간

- [ ] 들기름 2작은술
- [ ] 현미식초 1.5큰술
- [ ] 간장 1큰술
- [ ] 연겨자 1/2작은술
- [ ] 참기름 1작은술
- [ ] 레몬즙 1큰술
- [ ] 올리고당 1작은술

RECIPE

1 • 해초는 소금을 털어내고 찬물로 2회 헹군 다음 찬물에 10분 정도 담가둔다.
   • 2회 더 찬물로 헹군 후 체에 담아 물기를 뺀다.

2 • 냉동 완두콩은 팔팔 끓는 물에 넣고 중불에서 5분간 데친 후 체에 담아 식힌다.
   • 깨끗하게 씻은 오이는 껍질째 얇게 채를 썬다.

3 • 양파는 얇게 채를 썰어 차가운 물에 3분 정도 담가둔 다음 체에 담아 물기를 뺀다.
   • 대파는 어슷하게 썰어 차가운 물에 3분 정도 담가둔 후 물기를 제거한다.

4 분량대로 샐러드 드레싱을 만든다.

5 오목한 그릇에 손질한 해초를 담고 데친 완두콩을 올린다. 그런 다음
   오이채, 양파채, 대파채를 올리고 참깨와 드레싱을 뿌린다.

COOKING TIP

염장된 해초는 충분히 씻어야 잡내와 짠맛이 제거된다.

아보카도 토마토 카프레제

+ 재료
- [ ] 토마토 2개(320g)
- [ ] 아보카도 1/2개
- [ ] 와사비 1작은술

+ 드레싱
- [ ] 사과식초 2작은술
- [ ] 소금 1g
- [ ] 꿀 1.5큰술

RECIPE

1 토마토는 모양대로 얇게 썰고 아보카도는 토마토 크기에 맞춰 얇게 썬다.

2 분량대로 드레싱을 만들고 접시에 얇게 썬 토마토와 아보카도를 가지런히 교차해서 담는다.

3 와사비를 토마토 위에 콕콕 점을 찍듯 올리고 드레싱을 수저로 한 수저씩 떠서 끼얹는다.

치즈 로메인 샐러드 반찬

+ 재료
- [ ] 로메인 상추 150g
- [ ] 슬라이스 치즈 1장

+ 드레싱
- [ ] 올리브오일 1큰술
- [ ] 소금 1g
- [ ] 후추 약간

RECIPE

1 로메인 상추는 흐르는 물에 꼭지 부분을 문지르면서 씻은 후 식초를 넣은 물에 담가둔다.
그런 다음 다시 흐르는 물에 깨끗하게 헹군 후 물기를 털고 큼직하게 2~3등분으로 자른다.

2 슬라이스 치즈는 잘게 다진다.

3 볼에 준비한 로메인과 치즈를 담고, 드레싱 재료를 분량대로 넣고 살살 버무린다.

깻잎 광어 카프레제

+ 재료
- ☐ 광어회 120g
- ☐ 방울토마토 6개
- ☐ 깻잎 8장
- ☐ 라임 1/2개

+ 양념
- • 채소 양념
- • 광어 밑간
- • 광어 양념
- ☐ 소금 1g
- ☐ 소금 1g
- ☐ 사과식초 1큰술
- ☐ 올리브오일 1큰술
- ☐ 후추 약간
- ☐ 연겨자 2/3작은술

RECIPE

1 준비한 횟감용 광어를 그릇에 펼쳐서 담고 소금과 후추를 솔솔 뿌려 냉장고에서 6분간 숙성시킨다.

2 • 깻잎은 5등분으로 자르고, 방울토마토는 모양대로 3~4등분으로 썬다.
 • 라임은 얇게 저민다.

3 사과식초에 연겨자를 넣고 잘 푼 다음 냉장고에 넣어둔 광어에 끼얹어 2분간 더 숙성시킨다.

4 접시에 양념한 광어를 담고 깻잎과 토마토도 담는다.

5 깻잎과 토마토 위에 소금을 골고루 뿌리고, 저민 라임을 올린다.

6 먹을 때 깻잎과 토마토 위에 올리브오일을 뿌리고, 라임 슬라이스는 즙을 내 광어에 뿌린다. 깻잎 위에 광어회, 토마토를 얹어 함께 먹는다.

COOKING TIP

광어에 밑간을 하고 숙성하는 과정에서 온도와 시간이 중요하다. 또 적당히 차게 해야 맛있다.

식탐을 줄이는 병아리콩 간식

GL 지수 5를 넘지 않는
병아리콩 간식의 1회분 섭취량 : 40~60g

↱ 12시간 불린 병아리콩

6분간 익힌 병아리콩 ↘

3가지 맛
병아리콩 간식

익힌 병아리콩을 그냥 먹어도 맛있지만 꿀, 치즈, 참깨, 시나몬 파우더, 카레가루, 갈릭 파우더 등을 첨가해 다양한 맛의 간식으로 만들어도 좋다.

다음은 찬물에 12시간 불린 후 전자레인지에서 6분간 익힌 병아리콩 100g에 해당하는 첨가 재료이다.

╋ 참깨 재료 : 고소한 맛
- [ ] 꿀 또는 올리고당 1.5큰술
- [ ] 참깨 또는 검은깨 1.5작은술

╋ 갈릭 재료 : 매콤한 맛
- [ ] 올리브오일 1큰술
- [ ] 갈릭 파우더 1작은술
- [ ] 소금 1g

╋ 허니 시나몬 재료 : 달콤한 맛
- [ ] 꿀 또는 올리고당 1.5큰술
- [ ] 시나몬 파우더 1작은술

1 병아리콩은 씻은 후 찬물에 담가 12시간 정도 불린다.

2 불린 콩을 체에 담아 물기를 뺀다.

3 전자레인지용 찜기에 불린 병아리콩 1컵과 생수 1큰술을 담고 6~7분간 익힌다.

4 팬에 식용유를 두르지 않고 익힌 병아리콩을 중불에서 노릇하게 4분 정도 볶는다(볶는 과정 생략 가능).

5 병아리콩에 원하는 첨가 재료를 넣고 버무린다.

뱃살은 대사증후군을 진단하는 기준

다음 내용 중 3가지 이상인 경우
대사증후군으로 진단한다.

☑ 허리둘레 : 남자 90cm · 여자 85cm 이상

☑ 중성지방 : 150mg/dL 이상

☑ HDL 콜레스테롤 : 남성 40mg/dL 미만
여성 50mg/dL 미만

☑ 공복 혈당 : 100mg/dL 이상

☑ 혈압 : 수축기 혈압 130mmHg 이상
이완기 혈압 85mmHg 이상

식단 · 운동 · 생활 습관 교정 = 뱃살 빼는 법

뱃살을 줄일수록
대사증후군으로 부터 멀어진다.

가장 이상적인 운동 방법은 유산소 운동과
근력 강화 운동, 유연성 향상 운동을
함께 병행하는 것이다.

- 유산소 운동 : 최소 30분 · 주 5회
- 전신 근력 운동 : 최소 15분 · 주 2~3회
- 전신 유연성 운동 : 최소 15분 · 주 3회 이상

- 다양한 종류의 식이섬유소를 먹는다.
- 하루 한 번은 샐러드 식판식으로
  식단을 교정한다.

꾸준한 운동은
인슐린 저항성을
개선한다.

샐러드 식판식은
탄수화물 식품의
올바른 섭취를
유도한다.

단기간에
뱃살을 줄이려면
식단 개선이 50%
꾸준한 운동 실천은 25%
생활 습관 개선을 25%의
비중으로 교정한다.

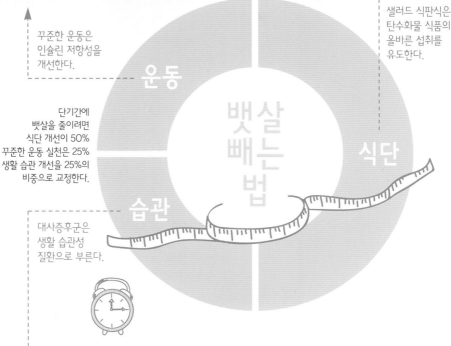

운동

식단

습관

뱃살 빼는 법

대사증후군은
생활 습관성
질환으로 부른다.

생활 습관의 교정은 나쁜 것은 바꾸고 유익한 것은 하루 빨리 시작할수록 좋다.

- 수면 습관 : 규칙적인 수면 패턴으로 정상적인 생체 리듬을 유지한다.
- 배변 습관
- 바른 자세
- 수분 섭취

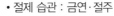

- 절제 습관 : 금연 · 절주
- 외식 습관 : 주 2회 미만
- 스트레스 관리 : 스트레스는 대사증후군의 기저 원인이다. 원래
  코티솔(Cortisol, 부신피질에서 분비되는 스테로이드 호르몬)은 탄수화물
  대사에 관여해 인체에 에너지를 공급하는데, 스트레스를 받으면
  혈중 코티솔의 양이 증가한다. 이는 외부 스트레스에 맞서
  인체가 견딜수 있는 에너지를 최대한 만들기 때문이다.
  그 과정에서 혈압과 혈당이 증가하는데, 에너지를 만들기 위한
  코티솔의 양은 증가하고 결국 식욕도 자연스럽게 상승한다.
  이런 현상이 반복된 만성 스트레스는 살이 잘 빠지지 않는
  내장 비만의 원인이 된다.

유산소 운동은 걷기 · 달리기 · 줄넘기 · 자전거 타기 중 선택한다.

스트레칭	유산소 운동 1	유산소 운동 2	유산소 운동 3
스트레칭으로 운동을 시작한다. 스트레칭은 10분간 시행해 체온과 심박 수를 조금씩 올린다.	5분간 숨 쉬기 편한 정도의 강도로 한다.	2분간 숨이 좀 찰 정도의 강도로 한다.	5분간 숨을 고르는 정도로 가볍게 천천히 걷는다. 이때 자리에 앉거나 누워서 쉬지 않는다.
시작 운동	3~5회 반복		마무리 운동

바른 자세는 항상 유지!

바른 자세를 유지하면 뱃살이 덜 찐다.

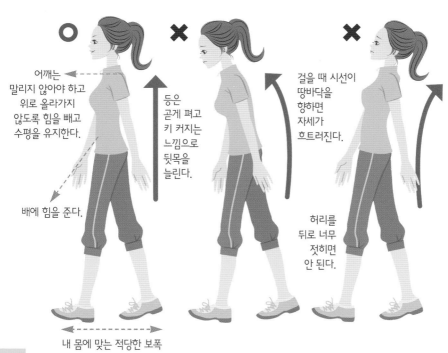

○
어깨는 말리지 않아야 하고 위로 올라가지 않도록 힘을 빼고 수평을 유지한다.

등은 곧게 펴고 키 커지는 느낌으로 뒷목을 늘린다.

배에 힘을 준다.

내 몸에 맞는 적당한 보폭

✕
걸을 때 시선이 땅바닥을 향하면 자세가 흐트러진다.

✕
허리를 뒤로 너무 젖히면 안 된다.

전신 근력 강화 운동

15분 이상

스쿼트 · 플랭크 · 런지 · 브릿지 · 뎀벨 · 밴드 등의 운동으로
주 2~3회 시행한다.

+

전신 유연성 향상 운동

15분 이상

자신에게 적합한 동작을 선택해 천천히 정확하게
주 3회 이상 시행한다.

+

바른 자세

앉거나 서 있을 때 그리고 걸을 때
등을 곧게 펴고 목을 앞으로 빼지 않는 게 중요하다.
또 배에 어느 정도 힘을 주고 허리를 세워야 하며,
턱은 들지 않아야 한다.

**최소 30분
이상
주 5회**

+

- 컴퓨터 모니터를 보거나 TV를 시청하는 등 앞쪽을 응시할 때 :
  ① 허리를 곧게 세우고 엉덩이를 의자 등받이 깊숙이 끼워 넣는 느낌으로 앉는다.
  ② 머리와 어깨는 옆에서 볼 때 일직선이 되도록 등을 곧게 편다.
  ③ 정수리 부분이 천장을 향해 뒷목을 늘리면 자연스럽게 턱이 당겨진다. 턱을 먼저 당기면 불편해진다.
  ④ 무릎의 높이는 엉덩이와 수평을 이루거나 위쪽으로 약간 높게 두어야 한다.
  ⑤ 어깨는 위로 올리지 않고 편안하게 둔다. 팔은 팔걸이에 놓거나 손을 허벅지 위에 자연스럽게 얹는다.

- 장시간 앉아 있을 때 : **30분 간격으로 일어나서 몸을 움직이거나 앉은 상태에서 가볍게 스트레칭을 한다.**
  ① 등을 곧게 펴고 똑바로 앉은 상태에서 목의 힘을 빼고 가볍게 목 스트레칭을 한다.
  ② 다리를 앞쪽으로 쭉 편 다음 발목을 이용해 발을 몸쪽으로 당겼다가 펴는 동작을 한다.

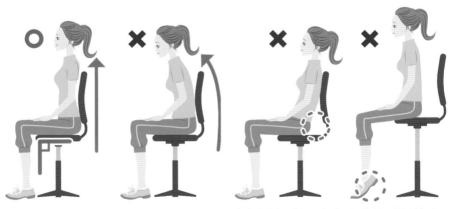

발바닥이 땅바닥에서 들뜨지 않도록 의자 높이를 맞춘다.

내 에너지를 부탁해

비타민과 미네랄은 에너지를 생성하고 소비하는 에너지 대사에 꼭 필요한 영양소이다. 반드시 음식을 통해 섭취해야 하지만 식습관에 문제가 있는 사람은 비타민과 미네랄 섭취가 부족하거나 불균형을 초래한다. 비타민과 미네랄이 부족하면 쉽게 뱃살이 찌는 등 체중 관리가 쉽지 않고, 살을 빼더라도 쉽게 찌는 요요현상이 생긴다.

비타민 A

- 건강한 피부
- 면역체계 지원
- 항산화 기능
- 눈 건강

비타민 A는 고기, 치즈, 달걀과 같은 동물성 식품에서 발견되는 '레티놀'과 당근, 고구마, 고추와 같은 녹황색 채소에서 발견되는 '베타카로틴'의 2가지 형태가 있다. 그중 베타카로틴은 간에서 비타민 A로 전환된다. 비타민 A의 섭취가 부족하면 구강염, 야맹증, 여드름, 감기와 감염을 초래할 수 있으며, 피부가 건조해지거나 벗겨지기 쉽다.

비타민 B

- 에너지 대사에 관여
- 신진대사 조절

비타민 B는 곡물, 채소, 콩 등에 많다. 그러나 조리와 가공하는 과정에서 쉽게 파괴되며, 정제 과정에서 거의 완전히 제거된다. 따라서 현미 등의 통곡물과 조리하지 않은 신선한 채소가 가장 좋은 비타민 B의 공급원이 된다. 하지만 비타민 B12는 오직 달걀, 생선과 같은 동물성 식품에서만 발견된다. 따라서 엄격한 채식주의 식사는 거의 대부분 비타민 B12가 부족할 수 있다.

비타민 B6, B9, B12 삼총사는 거의 모든 신경전달물질의 형성에 아주 중요한 역할을 한다. 부족 시 다양한 질병의 원인이 된다. 또한 체내 호모시스테인(Homocysteine)이라고 불리는 아미노산의 수치를 조절하는 열쇠이기도 하다. 호모시스테인의 수치가 높아지면 심혈관질환과 골다공증의 위험성을 증가시킨다. 특히 동맥경화와 심장질환, 뇌졸중, 뇌 세포 손상을 유발할 수 있다.

비타민 B1 : 티아민

- 탄수화물(포도당)과 에너지 대사에 필요
- 부족 시 정신적, 육체적 피곤

비타민 B2 : 리보플라빈

- 체내 에너지 생성에 필요
- 머리카락, 손톱, 발톱, 눈 건강에 관여

비타민 B3 : 나이아신

- 체내 에너지 생성에 필요
- 혈당 균형
- 신경전달물질인 세로토닌(행복감)과 멜라토닌(숙면)을 만드는 데 꼭 필요한 영양소
- 부족 시 에너지 저하, 설사, 불면증, 두통, 우울증, 피부 습진, 여드름

비타민 B5 : 판토텐산

- 지방, 탄수화물, 단백질 대사와 에너지 생성에 필요
- 항스트레스 작용
- 신경전달물질인 아세틸콜린(기억력 향상)을 만드는 데 꼭 필요
- 부족 시 에너지 저하, 근육 경련, 무기력, 집중력 저하, 메스꺼움, 불안, 초조함

비타민 B6 : 피리독신

- 단백질 및 아미노산 이용에 필요
- 혈액의 호모시스테인 수준을 정상으로 유지하는 데 필요
- 호르몬과 세로토닌을 만드는 데 꼭 필요한 영양소
- 스트레스 경감(과도한 스트레스는 체내 비타민 B6의 축적 저하)
- 부족 시 에너지 저하, 손발 저림, 우울증, 신경질, 성급함, 근육 경련

비타민 B7 : 비오틴

- 지방, 탄수화물, 단백질 대사와 에너지 생성에 필요
- 체내 필수지방 이용에 도움
- 부족 시 피부 건조, 모발 건조, 근육 저하, 식욕 부진, 구토, 습진, 피부염

비타민 B9 : 엽산

- 세포와 혈액(적혈구) 생성에 필요
- 뇌와 신경 기능에 필수적인 영양소
- 혈액의 호모시스테인 수준을 정상으로 유지하는 데 필요
- 단백질 대사와 합성에 필수적인 조효소
- 부족 시 빈혈, 습진, 복통, 우울증, 기억력 감퇴, 식욕 저하, 걱정, 긴장감, 입술 건조

비타민 B12 : 코발아민

- 혈액 속 산소 운반과 DNA 합성에 꼭 필요한 영양소
- 세포의 형성과 유지
- 신경 손상 방지
- 혈액의 호모시스테인 수준을 정상으로 유지하는 데 필요
- 부족 시 에너지 저하, 탈모, 변비, 근육 약화, 불안감, 긴장

비타민 C

- 에너지 대사에 관여
- 피부·뼈·관절의 콜라겐 생성에 도움

비타민 C(아르코르브산)는 전염병이나 감기, 독감 등과 싸우는 데 중요한 역할을 하는 것으로 알려져 있다. 또한 각종 오염에 대항하여 우리 몸을 보호하고, 비타민 E를 재활용함으로써 항산화제 기능을 한다. 특히 음식이 에너지로 전환되는 것을 돕는다. 비타

민 C를 섭취하기 가장 좋은 식품은 브로콜리, 고추, 피망, 키위, 오렌지 등의 신선한 과일과 채소이다. 비타민 B와 마찬가지로 비타민 C 역시 빛과 열, 산소에 의해 파괴되기 쉽다. 따라서 비타민 C는 조리나 가공 과정을 많이 거칠수록 급속도로 제거된다. 비타민 C의 섭취가 부족하면 감염이 잦고 잘 낫지 않으며, 에너지 저하, 타박상, 잇몸 출혈 및 코피를 유발한다.

비타민 D

- 체내 칼슘과 인의 흡수와 이용에 필요
- 뼈와 치아 건강의 중요 역할
- 뼈의 형성과 유지에 필요
- 골다공증 발생 위험 감소에 도움
- 면역체계에 많은 역할
- 기분·우울증 관여
- 심혈관 건강에 관여
- 암 예방

비타민 D(콜레칼시페롤)는 뼈와 치아 건강에서 중요한 역할을 한다. 체내 칼슘과 인의 흡수와 이용에 필요한 영양소로 뼈의 형성과 유지에 필요하다. 부족 시 골다공증 발생의 위험을 증가시킨다. 또 면역체계에 많은 역할을 해 다른 영양소에 비해 가장 기초적으로 필요한 영양소이다. 이처럼 비타민 D는 부족하면 건강에 치명적일 수 있는 영양소이다.

다른 비타민들과 달리 비타민 D의 주요 공급원은 식품이 아니다. 따라서 비타민 D의 부족 현상은 광범위하게 나타날 수 있다. 비타민 D는 기름에 녹는 지용성 비타민으로 등푸른 생선, 우유, 달걀 같은 식품에서 발견되기는 하지만 식사를 통해 사람이 필요로 하는 비타민 D의 섭취량을 모두 얻을 수는 없다. 즉 보조제를 통해서라도 꼭 섭취해야 할 영양소이다.

비타민 E

- 세포 보호
- 항산화제 기능
- 피부 건강
- 면역체계에 꼭 필요한 영양소

비타민 E(토코페롤)는 세포 손상을 보호하는 항산화제로서 피부 건강과 면역체계를 위해 꼭 필요한 영양소다. 비타민 E가 부족하면 상처가 잘 나고 치료 기간이 길어진다. 또 피부가 건조해지고 근육이 긴장되는 증상을 유발한다. 비타민 E는 지용성 비타민으로 참깨처럼 기름을 짜는 씨앗이나 견과류, 맥아, 쌀눈, 올리브, 등푸른 생선 등 기름진 식품에서 섭취할 수 있다.

비타민 K

- 혈액의 응고

비타민 K(필로키논)는 혈액의 응고에 필수적인 영양소이다. 비타민 K가 부족하면 골(뼈) 손실을 일으키거나 지혈이 잘 안 될 수 있고, 출혈이 발생하기도 한다.

비타민 K는 지용성 비타민의 한 종류로 콜리플라워, 브로콜리, 양배추, 감자, 아스파라거스, 케일과 같은 채소나 녹차, 곡류, 콩, 과일에서 얻을 수 있다. 하지만 비타민 K의 대부분은 장내에 기생하는 박테리아에 의해 만들어진다. 즉 인체의 장내 대장균이 합성하는 물질이므로 항생제를 장기간 사용하는 질환자가 아닌 정상적인 사람이면 별도로 과도하게 섭취할 필요가 없다. 오히려 비타민 K를 과다하게 섭취하면 혈전을 일으킬 수 있기 때문이다. 따라서 비타민 K를 따로 보충하는 것보다는 건강한 장내 유익균균(소장·대장·위장 등에 서식하는 박테리아)을 위해 도움을 주는 노력이 필요하다. 무엇보다 항응고제를 먹는 사람은 비타민 K 섭취를 피해야 한다.

비타민 K 결핍의 원인으로는 금식을 하는 환자에게 항생제를 투여하는 경우가 있다. 항생제로 인해 대장균이 억제되고, 금식으로 인해 음식의 영양 공급이 중단되면서 결핍이 나타난다. 또한 만성 췌장염, 크론병, 궤양성 대장염과 같은 염증성 장 질환에서 지용성 비타민의 흡수장애를 일으키기도 한다.

미네랄

미네랄은 무기질 또는 무기염류라고도 한다. 인체를 구성하고 인체의 성장 및 유지 등 생리 활동에 필요한 원소 82종 중 유기물의 주성분이 되는 산소, 탄소, 수소, 질소를 제외한 다른 원소를 통틀어 일컫는다. 쉽게 말해 동물과 식물을 태운 후 재로 남는 부분이라 생각하면 되는데, 이런 의미에서 회분이라고 부르기도 한다. 즉 미네랄은 인체 활동을 위한 생리 기능에 꼭 필요한 영양소이다.

칼슘

- 뼈와 치아 건강을 위해 꼭 필요한 영양소
- 신경과 근육 세포의 이완 작용에 필요
- 숙면에 도움
- 근육의 수축과 이완에 도움
- 신경 자극 전달과 혈액 응고 기능
- 부족 시 불면증, 신경과민, 관절 통증, 근육 떨림, 충치, 골밀도 감소와 골다공증
- 섭취 식품 : 아몬드, 호두, 호박씨, 멸치, 잎채소, 유제품 등

크롬

- 혈당 수치를 고르게 유지하는 데 도움
- 탄수화물(당, 단맛)에 대한 갈망을 억제

- 감정 기복에 도움
- 섭취 식품 : 정제하지 않은 통곡물, 감자, 고추, 피망, 달걀, 닭고기 등

구리	

- 피부 · 혈관 · 뼈 · 관절의 필수적인 요소인 콜라겐 생성에 필요
- 철의 흡수와 이용에 필요
- 과잉 섭취 시 걱정, 편집증, 피해망상 유발
- 섭취 식품 : 갑각류와 콩

철	

- 음식의 에너지 전환에 필요
- 혈액 속 산소 운반에 도움
- 부족 시 에너지 저하, 피로, 무력증, 빈혈
- 섭취 식품 : 고기나 달걀 같은 동물성 식품, 호박씨, 아몬드, 콩, 시금치
- 비타민 C는 철의 흡수를 도우므로 달걀 및 신선한 과일을 함께 먹으면 철의 섭취가 증가

마그네슘	

- 탄수화물 대사와 이용에 필요
- 에너지 생성에 필요
- 신경과 근육의 이완 작용에 필요
- 강한 뼈와 치아 형성에 도움
- 숙면에 도움
- 부족 시 근육 경련, 근육 떨림, 신경과민, 관절 통증, 불안과 초조, 과잉 행동, 변비, 두통, 생리통
- 섭취 식품 : 녹색 잎채소, 견과류와 씨앗류, 특히 호박씨와 해바라기씨

망간	

- 혈당 균형에 도움
- 뼈와 관절 연골의 건강에 필요
- 조직과 신경의 생성
- 인체 내 20개 이상의 효소를 활성화하는 데 필요
- 건강한 DNA로 증진
- 혈액(적혈구) 생성에 관여
- 건강한 두뇌 기능을 지원
- 부족 시 기억력 감퇴, 현기증, 균형 감각 저하, 발작과 경련, 성장통
- 섭취 식품 : 망고나 파인애플과 같은 열대과일, 물냉이, 귀리, 베리류 과일 등

셀레늄	• 중요한 항산화제
	• 인체 노화 예방
	• 유해산소로부터 세포를 보호하는 데 필요
	• 활성산소와 발암 물질에 대항해 인체를 보호
	• 감염성 질병에 대항하는 면역체계 지원
	• 부족 시 각종 질병에 쉽게 노출
	• 섭취 식품 : 원시 곡물, 씨앗류, 견과류, 참치, 버섯

아연	• 에너지 생성에 필요
	• 성장기 아이와 사춘기 청소년에게 가장 중요한 성장 영양소
	• 가장 흔하게 부족하기 쉬운 영양소
	• 정상적인 면역기능에 필요
	• 정상적인 세포 분열에 필요
	• 부족 시 스트레스, 손톱과 발톱에 흰 반점 발현, 급격히 살이 찔 경우 튼살 발생, 성장이 더디거나 감염에 취약, 과잉 행동, 자폐증, 우울증, 불안장애, 식욕 감퇴, 정신분열증 등
	• 구리의 과잉 섭취 시 혈당 문제 등에 아연이 필요
	• 섭취 식품 : 굴, 견과류, 씨앗류, 곡물의 눈, 고기와 생선

내 몸의 방어막, 무지개 음식을 섭취하라

점점 더 심하게 오염되는 세상에서 사는 우리가 수많은 오염원을 피하기 위해 할 수 있는 일 중 가장 현명한 행동은 항산화 식품을 먹는 것이다. 항산화 식품은 산화성이 강한 오염 물질과 인체의 세포 손상을 촉발할 수 있는 매우 불안정한 분자인 활성산소에 대한 해독제 역할을 한다. 만일 항산화 식품을 충분히 보충하지 않는다면 두뇌와 인체에 지속적으로 해를 끼칠 수 있으며, 인체의 노화가 빠르게 진행될 것이다. 따라서 매일 다양한 색의 과일과 채소를 적절히 섭취하면 내 몸을 보호하고 노화를 예방하는 데 도움이 된다.

• 베타카로틴 : 당근, 고구마, 호박, 물냉이
• 비타민 C : 브로콜리, 고추, 피망, 키위, 베리류, 토마토, 감귤류 등
• 비타민 E : 씨앗, 압착 기름, 곡물의 눈, 견과류, 콩과 생선
• 셀레늄 : 굴, 브라질너트, 씨앗, 카무트, 참치, 버섯
• 글루타티온 : 참치, 콩, 견과류, 씨앗, 마늘, 양파
• 안토시아니딘 : 붉은 살코기, 감자, 당근, 비트, 고구마, 시금치, 베리류 과일 등
• 코엔자임 Q : 등푸른 생선, 견과류, 씨앗

자주 먹는 식재료의 식이섬유소 함량

식품	총량(g)	수용성(g)	불용성(g)
		100g 기준	
기장	9.9	0.9	8.8
통밀	16.0	4.0	14.6
보리	11.2	6.9	4.3
귀리	10.6	–	–
오트밀	9.0	–	–
현미	3.3	0.3	3.0
백미	6.4	5.8	0.9
옥수수	3.8	–	–
감자	1.4	0.1	1.3
고구마	3.8	1.4	2.4
마	2.0	0.6	1.4
천마	3.0	0.4	2.6
강낭콩	27.5	6.4	22.9
대두	16.7	2.2	14.5
검정콩	26.0	6.1	19.2
두유	1.5	–	–
두부	2.5	–	–
비지	8.0	–	–
순두부	1.0	–	–
동부콩	18.4	1.3	17.1
완두콩	6.8	–	–
붉은 팥	17.6	–	–
들깨	20.8	1.7	19.1
들깨가루	13.4	–	–
아몬드	10.4	0.8	9.6
해바라기씨	6.9	0.8	6.1
호두	7.5	0.6	6.9
참깨	11.8	–	–
검은깨	21.3	–	–
흰깨	19.5	–	–

식품	총량(g)	수용성(g)	불용성(g)
		100g 기준	
고구마줄기(마른 것)	65.8	13.8	52.0
고구마줄기(삶은 것)	3.9	–	–
고사리(마른 것)	58.0	10.0	48.0
고사리(삶은 것)	5.1	0.3	4.8
풋고추	10.3	1.4	8.9
배추김치	3.0	0.2	2.8
배추	1.5	0.2	1.3
배추 시래기	1.4	0.4	1.0
깻잎	7.9	1.0	6.9
콜리플라워	2.9	0.4	2.5
브로콜리	2.9	–	–
양배추	2.2	0.2	2.0
적양배추	15.2	1.6	12.4
당근	2.9	0.4	2.5
두릅	1.4	0.3	1.1
마늘	5.9	4.3	1.6
무	1.2	0.2	1.0
무청	2.3	0.3	2.0
상추	1.8	0.2	1.6
양상추	1.1	0.1	1.0
숙주나물	1.8	0	1.8
콩나물	2.6	0.9	1.7
참나물	3.0	0.7	2.6
취나물(날것)	5.8	0.9	4.9
셀러리	1.4	–	–
아스파라거스	1.8	–	–
파슬리	6.8	0.6	6.2
부추	2.9	0.2	2.7
쑥갓	2.3	–	–
시금치	3.2	0.9	2.3

식품	총량(g)	수용성(g)	불용성(g)
		100g 기준	
양파	1.5	0.2	1.3
대파	2.6	0.2	2.4
연근	2.3	–	–
우엉	4.1	–	–
열무	2.1	–	–
오이	1.2	0.1	1.1
치커리	5.8	0.9	4.9
케일	3.7	0.5	3.2
토마토	1.3	0.5	0.8
피망	2.4	–	–
호박잎	3.4	0.3	3.0
애호박	1.4	0.4	1.0
단호박	1.8	–	–
느타리버섯	1.7	0.3	1.4
목이버섯(마른 것)	57.4	0	57.4
석이버섯(마른 것)	52.9	0	52.9
양송이버섯	2.4	–	–
팽이버섯	2.9	–	–
표고버섯	2.4	–	–
곶감	14.0	1.3	12.7
단감	2.5	0.8	1.7
귤	1.1	0.1	1.0
자몽	0.6	0.2	0.4
금귤	4.6	2.3	2.3
딸기	1.8	0.3	1.5
망고	1.7	0.7	1.0
바나나	1.9	–	–
배	1.8	0.6	1.2
복숭아	2.1	–	–
사과(부사)	1.4	0.1	1.3

식품	총량(g)	수용성(g)	불용성(g)
		100g 기준	
아보카도	5.5	2.0	3.5
수박	0.2	–	–
오렌지	2.0	0.4	1.6
멜론	0.9	–	–
자두	2.2	–	–
파인애플	1.5	0.1	1.4
포도	1.9	–	–
키위	2.5	0.7	1.8
참외	1.1	0.3	0.8
김(마른 것)	33.6	0.3	33.3
다시마(마른 것)	27.6	2.4	25.2
미역(마른 것)	43.4	6.8	36.6
미역(날것)	3.6	–	–
모자반(날것)	6.3	–	–
청각(날것)	9.9	–	–
톳(날것)	43.3	–	–
파래(날것)	4.6	1.8	2.8
요거트	0.2	–	–
땅콩버터	6.3	–	–
후추(흑후추)	24.6	–	–
고춧가루	39.7	0.9	38.8
카레가루	6.9	–	–

식이섬유소 함량
자료 : 농촌진흥청 농촌자원개발연구소

미국에서 가장 인기 있는 9가지 식이요법

다이어트(DIET)는 원래 '식단'을 의미하지만 우리는 다이어트의 의미를 살을 빼는 것 그 자체로 인식한다. 그만큼 체중 감량을 하는 데 식단이 중요하다는 의미로 사용한 것일 테다.

체중 감량을 위한 식단은 수천 가지가 있다. 그렇다 보니 새로운 식이요법이 유행처럼 등장했다가 사라진다. 다음은 미국에서 지금까지도 가장 인기 있는 9가지 식이요법을 정리한 것이다.

❶ 앳킨스 다이어트

황제 다이어트라 알려진 앳킨스 다이어트(Atkins Diet)는 미국의 심장병 전문의 앳킨스 박사가 제안한 저탄고단 식이요법으로 탄수화물 섭취를 낮춰 인슐린 수준을 통제하는 데 중점을 둔다. 즉, 다량의 정제된 탄수화물을 섭취하면 인슐린 분비가 급격히 증가했다가 빠르게 감소한다는 사실에서 기인한 식이요법이다. 특히 인슐린 수치가 증가하면 인체가 음식으로부터 얻은 에너지를 소비하지 않고, 몸속 지방으로 저장하게 만든다고 강조한다. 그렇게 몸에 저장된 지방은 에너지원으로 더 이상 사용할 가능성이 적다는 것이다. 앳킨스 다이어트는 한동안 인기를 끌었지만 미국인 사이에서도 논쟁이 상당했던 식이요법이다. 그것은 '탄수화물을 적게 섭취한다면 동물성 단백질과 지방은 원하는 양만큼 먹어도 좋다'라는 논리 때문이다. 즉, 당질이 낮으면서 고지방, 고단백 음식을 권장한 셈인데, 탄수화물을 배제한 식단이 얼마나 건강에 해로운 것인지 간과했다는 문제가 있다.

❷ 케톤 식이요법

키토식으로 알려진 케톤 식이요법(Ketogenesis Dietotherapy)은 케토제닉 다이어트(Ketogenic Diet)라고도 한다. 케톤 식이요법은 '저탄고지' 식사, 즉 지방 4 : 탄수화물＋단백질 1의 비율로 전체 영양소에서 80% 이상의 지방으로 한 끼를 구성한다. 케톤 식이요법은 신체 에너지원으로 '당'을 대신해 '케톤'을 사용하게 하는 원리이다. 1920년 이후 미국에서 수십 년 동안 뇌전증 환자를 위한 간질 치료식으로 사용되는 식이요법이다. 케톤 식이요법의 핵심은 탄수화물 섭취를 줄이고 지방 섭취량을 늘리는 것이다. 이러한 식단은 뇌전증이 '뇌의 에너지 부족으로 일어나는 발작'이라는 가설에서 비롯했다. 이 가설은 신체는 탄수화물이 아닌 지방을 연료로 태운다는 믿음에서 출발하는데, 이는 뇌의 연료가 당이라는 현재의 상식과 상반된다. 즉, 소화 과정을 거친 탄수화물인 '당'을 섭취할 수 없는 뇌전증 환자가 지방에서 얻은 '케톤'을 두뇌 대사의 에너지로 사용하게 하는 것이다. 그래야만 간질로 인한 경련을 최소화할 수 있다는 것이다. 아직도 간질 환자에게 케톤 식이요법을 권하는 이유는 부작용이 심한 간질 치료약에 비해 효과가 나타나기 때문이다. 다만 비만인 사람은 간질 환자가 아니라는 점을 고려해야 한다.

❸ 존 다이어트

존 다이어트(Zone Diet)는 미국의 시어즈 박사가 제안한 식이요법이다. 과도한 탄수화물 섭취를 비만의 원인으로 지목한 시어즈 박사는 매끼 탄수화물, 단백질, 지방의 섭취를 4:3:3 비율로 섭취하라고 권한다. 그는 4:3:3 비율을 꾸준히 유지하면 체중을 감량하는 것은 물론, 최상의 건강 상태에 도달할 수 있다고 주장했다. 이를 위해 존(The Zone)이라는 개념을 설정하고 이에 도달하는 것을 목표로 제시했다. 이 식이요법에서는 각 식사에서 탄수화물 40%, 단백질 30%, 지방 30%의 영양 균형을 목표로 하는 의미에서 '존(The Zone)'이라는 용어를 사용한다. 4:3:3 비율의 영양 균형과 함께 인슐린 수치 조절에 중점을 둔 식이요법으로 다른 식이요법보다 체중 조절이 더 성공적일 수 있다는 주장이다. 특히 존 다이어트는 고품질의 탄수화물인 정제하지 않은 탄수화물 식품을 권장하고 올리브오일, 아보카도, 견과류와 같은 좋은 지방 식품의 섭취를 권장한다.

❹ 채식

많은 사람들이 건강뿐만 아니라 윤리적인 이유로 채식을 선택한다. 유제품 채식, 과일 채식, 생식 채식, 달걀 채식, 해산물 채식 등 다양한 채식이 있다. 대부분의 채식주의자는 락토 오보 채식주의자로 달걀, 유제품 및 꿀을 제외하고는 동물성 식품을 먹지 않는다. 지난 몇 년간의 대다수 연구에 따르면 채식을 선택한 사람은 체중에 대한 고민이 적고 질병으로 고통받지 않으며, 일반적으로 동물성 단백질을 먹는 사람보다 수명이 더 길다는 것이 밝혀졌다.

❺ 비건 채식

비건(Vegan)은 식이요법이라기보다 일종의 삶의 방식이나 신념 같은 가치관과 연결되어 있다. 비건 채식인은 채소, 과일, 해초 등 식물성 음식 이외에는 달걀, 유제품, 꿀 등 일체의 동물성 식품을 전혀 먹지 않는다. 비건 채식인은 일반적으로 건강상의 이유뿐만 아니라 환경과 윤리 문제를 이유로 비건 채식을 선택한다. 모든 사람이 식물성 식품을 먹으면 환경을 보호하고, 동물의 고통을 줄일 수 있다는 생각을 갖고 있다. 무엇보다 비건 채식을 하면 더 나은 육체적, 정신적 건강을 누릴 수 있다고 말한다. 또한 이들은 현대 농법이 환경에 좋지 않으며 장기적으로 지속되어서는 안 된다는 생각도 갖고 있다.

❻ 체중 감시자 다이어트

체중 감시자 다이어트(Weight Watchers Diet)는 네트워크를 형성해 식단과 운동 등 체중 감량을 서로서로 지원한다. 이 다이어트 방법은 오프라 윈프리가 선택해 유명해지기도 했다. 체중 감시자 다이어트의 탄생 배경은 1960년대에 체중 감량을 한 후 요요현상에 대한 우려가 있는 한 주부에 의해 시작되었다. 이 주부는 친구들을 동원한 네트워크를 만들어 서로에게 유익한 감시자 역할을 한다는 아이디어에서 출발, 지금은 전 세계에 지사를 두고 있는 거대 회사를 키워냈다.

❼ 사우스 비치 다이어트

사우스 비치 다이어트(South Beach Diet)는 심장 전문의 아가 스톤 박사와 영양사인 마리 알몬이 제안한 식이요법이다. 사우스 비치 다이어트는 당지수가 낮은 탄수화물 식품을 주로 섭취하므로 '로우 지아이 다이어트(Low GI Diet)'라고도 한다. 인슐린의 조절과 정제하지 않은 탄수화물 식품의 이점에 중점을 둔 식이요법으로 당지수(GI 지수)가 높은 음식을 섭취하면 인슐린이 일시적으로 과도하게 분비되어 결국 체내에 지방이 많이 축적된다는 원리에 착안한 것이다. 이 식이요법을 고안한 아가 스톤 박사는 미국 심장협회가 후원하는 '저지방 고탄수화물' 다이어트에 실망한 후 직접 1990년대에 당이 낮은 식품의 섭취를 권장하는 '사우스 비치 다이어트'를 제안했다. 그는 저지방식과 당지수를 고려하지 않은 고탄수화물식이 결국 장기적으로는 비만과 건강에 효과적이지 않다고 주장한다. 이 식이요법은 2주 후 뱃살을 줄이는 효과가 있는 것으로 알려져 있다. 특히 혈중 중성지방의 수치를 줄이는 데 효과가 있다. 그러나 당지수가 낮은 식품이라도 조리법에 따라 혈당지수가 높아질 수 있어 논란의 여지가 있다.

❽ 로우 푸드 다이어트

로우 푸드 다이어트(Raw Food Diet)는 유기농을 포함해 가공하지 않거나 익히지 않은 상태의 날 음식을 주로 섭취하는 식이요법이다. 로우 푸드 다이어트의 핵심 내용은 음식 섭취량의 75%를 조리하지 않은 음식으로 구성하는 것이다. 상당수의 로우 푸드 다이어트를 선택하는 사람들도 완전한 식물성 식품을 섭취하는 비건 채식을 선호하며, 대다수가 동물성 음식을 먹지 않는다. 하지만 생식에는 4가지 유형이 있다. 신선한 채소를 선호하는 로우 베지테리언(Raw Vegetarian), 완전한 채식을 하고 가공하거나 조리된 음식을 먹지 않는 로우 비건(Raw Vegan), 동물성 식품을 섭취하는 로우 옴니보어(Raw Omnivore)와 로우 카니보어(Raw Carnivore)가 있다.

❾ 지중해 식단

지중해 식단은 지방의 주요 공급원으로 올리브오일에 중점을 둔 식이요법이다. 지역적으로 남부 유럽식을 따라하는 것으로 특히 크레타, 그리스, 남부 이탈리아 사람들의 식습관에 중점을 두는데 현재는 스페인, 프랑스 남부, 포르투갈도 포함한다. 지중해 식단의 최대 1/3은 지방으로 구성하며 포화지방은 칼로리 섭취량의 8%를 초과하지 않는 것이 핵심이다. 신선한 식물성 식품인 채소와 과일, 콩, 견과류, 곡물, 씨앗을 주로 먹는다. 또한 치즈, 발효 요구르트, 적당한 양의 생선과 가금류를 먹고 소량의 붉은 고기, 달걀은 일주일에 최대 4개를 넘지 않는다. 식사 때는 와인을 곁들인다. 지중해 식단은 현재까지 가장 광범위하게 연구된 식이요법으로 인간 삶의 질을 향상시키고 질병의 위험을 낮추는 데 도움이 된다는 믿을 만한 연구가 많은 편이다.

DIET PLAN

01

02

03

04

05

06

07

08

09

10

11

12

13

14

WEEK 1   WEEK 2

MON

TUE

WED

THU

FRI

SAT

SUN

	WEEK 3	WEEK 4
MON		
TUE		
WED		
THU		
FRI		
SAT		
SUN		

DIET PLAN

15

16

17

18

19

20

21

22

23

24

25

26

27

28

식탐은 줄이고
가짜 배고픔을 이기는
다양한 식이섬유소를
식판식으로 먹는다!

샐러드
식판식

초판 1쇄 발행 _ 2021년 07월 01일
초판 2쇄 발행 _ 2024년 01월 11일

지은이 _ 레시피 그린즈

펴낸곳 _ 세상풍경
펴낸이 _ 최형준

기획&디자인 _ 시니어C | **제작** _ 도담프린팅 | **제판** _ 블루엔

등록 _ 2007년 3월 28일 제313-2007-81호
주소 _ 서울시 마포구 서교동 376-11번지 YMCA빌딩 2층
도서 문의 _ **전화** 02-322-4491 | **이메일** seniorc@naver.com
도서 주문 _ **전화** 02-322-4410 | **팩스** 02-322-4492
도서 물류 및 반품 _ 북패스 031-953-2913 경기도 파주시 파주읍 백석리 453-1

값 16,500원
ISBN 979-11-85141-31-2 13590